KB055379

나의 하버드 수학 시간

나의 하버드 수학 시간

삼수생 입시 루저의 인생 역전 수학 공부법

정광근 지음

웅진지식하우스

추천의 글

25년간 잊고 지냈던 수학이 다시 깨어나는 기분이었다. 『나의 하버드 수학 시간』은 원리를 알고 생각하는 수학의 의미를 자연스레 터득할 수 있는 책이다. 수학을 잘하고 싶은 학생, 학생을 가르치는 선생님, 공부하는 자녀를 둔 부모, 그리고 수학을 통해 펼쳐질 미래와 그 속에서 살아남기 위한 지혜가 궁금한 모든 이들에게 추천한다.

– 최학수 (하버드대 의대 부교수)

"수학을 왜 공부해야 하고, 어떻게 공부해야 하는가?"라는 근본적인 질문에 대한 답이 이 책에 담겨 있다. "수학은 문제를 '푸는' 것이 아니라, 문제를 '해결'하는 것"이라는 저자의 명쾌한 지적이 수학에 대한 우리의 편견을 바꿔준다. 수학 공부가 고민인 이들에게 일독을 권한다.

– 김원준 (KAIST 기술경영학부 교수)

이 책은 전형적인 한국식 수학에 길들여져 있다가 미국에서 기존의 틀을 깨고 새롭게 수학을 받아들이게 된 저자의 경험을 바탕으로 한국 수학 교육의 문제점과 해결 방안을 짚어본다. 한국식 수학 교육에 대해 문제의식을 가진 독자라면 이 책을 통해 해결의 실마리를 찾을 수 있을 것이다.

– 이정 (전국수학교사모임 초등국장, 대광초 교사)

수학, 누구나 잘할 수 있습니다

"선생님, 왜 그런지는 관심 없으니 그냥 어떻게 푸는지나 보여주세요!" 문제를 풀기 위해 어떤 개념이 필요한지, 그 개념이 무엇이고 어떻게 활용해야 하는지, 공식은 어떻게 이해할 수 있는지 등을 온 힘을 다해 설명하고 있는 내게 한 학생이 잔뜩 짜증 부리며 내뱉은 말입니다. 그 학생은 어차피 수학 공부는 딱 대학 갈 때까지만 할 거라고, 이 쓸데없는 공부, 재미없는 공부는 두 번 다시 눈길조차 줄 일 없을 거라고 '저주'까지 하더군요.

그런데 말입니다. 사실 우리는 생활 속에서 늘 수학을 사용합니다. 고등학교 때 배웠던 미적분 문제들을 매일 일상에서 마주한다는 뜻이 아닙니다. 하지만 돈을 쓰면 얼마큼 돈이 나가서 지금 얼마가 내 계좌에 남아 있겠구나 하는 생각은 대부분이 합니다. 빠진 돈을 다음 주까지 메워야 한다면 하루에 얼마를 더 벌어 저축해야 하는지에 대해 계산도 해볼 수 있겠죠. 또한 내 연봉과 실제 수령하는 돈을 비교하면서 세율이 얼마고 공제율이 얼만지 등을 따져볼 수도 있습니다. 아, 혹시 가게를 운영하시나요? 그럼 방문하는 손님 수나 매출이 어떻게 변하는지 매일 확인할 것입니다. 그런데 그제보다 어제 10명 더 왔고, 어제보다 오늘 20명이 더 와서 기뻐하다가 어느 날부터 손님이 늘지 않습니다. 이게 뭘 의미하는 걸까요? 옆 동네에도 광고를 해서 신규 고객을 늘려나가야 할 시점일까요? 아니면 이제는 기존 방문 고객들을 대상으로 단골 손님을 확보하기 위한 여러 '굳히기' 전략을 써야 할 차례일까요?

뺄셈과 나눗셈 같은 사칙연산, 일차방정식과 일차함수 그리고 그것의 기울기, 백분율, 변화율의 증가와 감소, 최댓값과 최솟값 같은 미적분 내용까지 이런 수학 개념들이 위 이야기에 다 들어 있습니다. 자, 아직도 수학이 쓸데없다고 생각하시나요?

수학은 그냥 학교 교과목이 아닙니다. 결코 제가 수학 선생이라 드리는 말이 아닙니다. 수학의 튼튼한 기초 없이 화려하고 멋진 집을 지을 수는 있어도 지진에도 안전한 고층 건물은 절대 설계할 수 없습니다. 빅데이터를 활용한 딥러닝 알고리즘을 짜려고 해도 수학적 사고가 필요합니다. 안 그러면 수억, 수조 개 데이터 중 어떤 게 진짜고 어떤 게 가짜인지 또 현 문제를 푸는 데 어떤 게 유용하고 어떤 게 불필요한지를 가리도록 인공지능에게 명령할 수 없습니다. 첨단 의학부터 우주 산업에 이르기까지, 새로운 시대는 수학이 이끌 것입니다. 자연스레 수학이라는 언어를 아는지 모르는지에 따라 우리의 미래는 다르게 흘러갈 테죠.

문제는, 우리는 마치 '일상 속 쓸모 있는 수학'과 '시험 문제 속 푸는 수학'이 완전히 다른 것인 양 그렇게 공부를 했고 또 하고 있다는 점입니다. 무려 12년 동안 학교에서 수학을 공부하지만, 우리는 '시험 문제 속 푸는 수학'에 철저히 길들여지는 훈련을 받습니다. 수학이 실제로 우리 일상을 어떻게 만들고 또 바꿀 것인지, 그 능력에 대해선 이야기를 거의 듣지 못합니다. 그러니까 당연히 재미가 없습니다.

그 마음을 누구보다 잘 압니다. 앞서 수학의 필요성을 그럴듯하게 역설하는 제가 얄미웠겠지만 저 또한 '시험 문제 속 푸는 수학'에는 철저한 부적응자였거든요. 외워야 할 문제 유형과 공식들이 쏟아지는 수학 시간은 정말인지 끔찍했습니다. 내가 이걸 왜 배우는지, 앞뒤로 어떻게 연결되는지도 모른 채 문제 푸는 '기계'가 된 느낌이었죠. 공부가 즐거웠을 리 없습니다. 주변에서는 제가 수학을 잘하는 학생이라고 생각했겠지만, 사실 제 속마음은 대학만 가면 수학은 영원히 안 볼 거라던 저 학생과 같았습니다. 엄청 헤매고, 힘들어하고, 투덜거리며 시간이 지나 어서 대학에 갈 날만 기다리는, 그런 학생 중 한 명이었죠. 그렇다고 대학을 무사히 갔느냐고 묻는다면…… 전 삼수를 했습니다.

그런 제가 지금 보스턴에서 학생들에게 수학을 가르치고 있습니다. 한국 학생들은 물론이고 이탈리아, 중국 학생들도 가르쳐봤습니다. 이름만 대면 누구나 알 유명 재벌의 유학 온 자녀들도 가르쳐봤습니다. 제발 우리 학원에 와달라는 말과 함께 백지수표도 받아봤지요. 평범한 수학 투덜이가 수많은 학생들을 '수포자의 늪'에서 꺼내 하버드대, 예일대 등의 아이비리그 대학교에 보내는 보스턴 최고의 수학 강사가 되었습니다. 어떻게 이런 일이 가능해진 걸까요?

삼수 끝에 군대를 가고, 제대 후엔 미국으로 도망치듯 와 지금까지 살고 있습니다. 그리고 여기서 다시 수학을 공부했습니다. 비교적 쉬운 문제도 풀지 못하고 버벅거리는 미국 친구들을 보면서 처음에는 우월감에 도취된 채 학교를 다녔죠. 그런데 알고 보니 저는 그냥 성능 좋은 계산기에 불과했습니다. 수학의 언어로 사고하고 의견을 내고 문제를 해결하는 데 도저히 친구들을 따라가지 못하겠더군요. '이게 뭐지? 나 12년 동안 뭐 한 거야?' 이렇게 저의 새로운 수학 공부가 시작되었습니다.

생계를 책임져야 했기에 40이라는 남들보다 늦은 나이에 하버드에 가서 수학 교육Mathematics for Teaching 전공으로 2년 만에 '올 A'로 졸업하고 석사 학위도 땄습니다. 이렇게 보니 초등학교를 제외하면 한국과 미국 각각에서 공부한 시간이 비슷한 것 같습니다. 아이들 가르친 지는 10년이 넘었고요. 자연스럽게 4차 산업혁명의 선봉에 서 있는 미국의 수학 교육과 우리 대한민국의 수학 교육의 차이도 눈에 들어왔습니다. 그래서 우리가 간과하고 있는 수학의 능력을 이 책을 통해 이야기하고 싶었습니다. 그리고 지금까지 어떤 인류도 경험해보지 못한, 쓰나미처럼 밀려오는 이 급진적인 산업 변화 속에 내팽개쳐진 우리 아이들과 또 우리 자신들이 미래를 위해 정말 준비해야 하는 게 뭔지 최대한 쉽게 풀어봤습니다.

쓸모를 깨닫고 재미를 발견하는 것도 중요하지만 시험 점수도 중요한 게 현실이기 때문에 좀 더 효율적인 공부 방법도 제 나름대로 제시해봤습니다. 수학 때문에 원하는 걸 못해서는 안 되잖아요? 실제로 수학은 어느 나라에서나 우수함을 측정하는 '필터'로 사용됩니다. 각 나라 최고 대학들을 수학 못하고 가는 경우는 거의 없으니까요. 최근의 일만도 아닙니다. 일례로 영국의 양대 명문대로 꼽히는 옥스퍼드 대학교와 케임브리지 대학교의 졸업 시험은 1830년대까지 오직 수학 과목뿐이었다고 합니다.

대학을 준비하는 수준 정도의 수학은 누구나 잘할 수 있습니다. 정말 가능합니다. 그리고 제대로 배운 수학 덕분에 여러분은 삶에서 만나는 많은 문제들을 논리적이고 합리적으로, 그리고 효율적으로 해결할 수 있게 될 것입니다. 자, 이제 이 책을 통해 그 두 가지 거짓말 같은 사실들을 스스로 도전해 현실화시켜 보시지 않으시겠습니까?

차례

1부

지금은 수학 전성시대

01

영재에서 둔재로

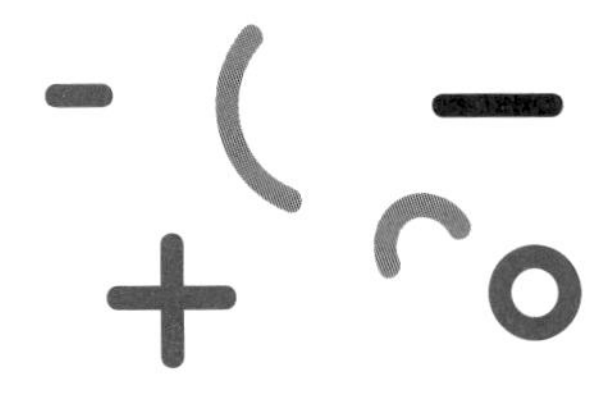

오직 풀기만 하는 바보

"무슨 소스로 드릴까요?"

"예스."

"무슨 소스라고요?"

"노."

맥도날드에서 치킨너겟을 주문해놓고 딴소리를 해대는 이 손님이 바로 나다. 한국에서 태어나 대학교 1학년 때까지 한국 교육을 받고 미국으로 건너온 직후의 나는 존재감 제로, 보잘것없는 동양인 학생이었다. 내가 할 줄 아는 말이라곤 '예스'와 '노'가 전부였다.

한번은 코인 세탁소에 빨래를 하러 갔다. 요즘에는 한국에도 코인 세탁소가 많이 있지만 당시에 나는 태어나서 처음으로 셀프 세탁소를 본 것이었고 어떻게 하면 된다는 설명서도 없었던 터라(있었어도 제대로 이해했을지는 모르지만) 사용 방법을 물어보려고 주변을 두리번거렸다. 그때 마침 동전을 넣고 세탁기를 돌리는 백인 아저씨를 발견했다. 나는 머릿속으로 문장을 수없이 되뇌며 용기 내 물었다.

"도와드릴까요? Can I help you?"

잠시 적막이 흘렀다.

"……아, 괜찮소. Uh, No thank you."

그러면서 그 아저씨, 별 웃기는 놈 다 봤다는 듯한 표정을 지으며 나가버렸다. 뭐야, 지금 동양인이라고 무시한 건가? 미국은 역사가 짧아서 그런지 예의가 없구나. 한국말로 소심하게 구시렁거리며 언짢은 마음으로 다시 주변을 살폈다. 그 순간 내가 방금 뭘 잘못했는지 깨달았다. "Can I help you?"라니! 그 백인 아저씨가 예의 없는 게 아니라 내 물음이 멍청했던 것이다. "Can you help me?"라고 했어야 했는데, 빨래 잘하고 나가는 사람한테 "내가 뭐 좀 도와줄까?"라고 물었으니 당연히 뜬금없다는 표정이 나올 수밖에. 와, 이렇게 영어를 못해서 공부는 할 수 있을까? 졸업은? 자괴감이 온종일 나를 짓눌렀다.

맥도날드나 빨래방에서도 이렇게 고전을 면치 못하던 상황이었으니 강의실에서는 오죽했을까? 그러던 어느 날 그 조용한 학생이 드디어 존재감을 뽐낼 기회가 찾아왔다.

"이 문제 풀어볼 사람?"

교수님이 어려운 적분 문제 하나를 칠판에 덜렁 쓰고 물었다. 이 문제를 풀 수 있는 학생은 이번 중간고사 성적을 무조건 A 주겠다는 약속과 함께 말이다. 하지만 강의실에는 적막만 흘렀다. 그때 어디서 그런 용기가 났는지는 모르지만 내가 손을 번쩍 들었다. 부분적분과 치환적분을 여러 번 사용해서 답을 찾아내야 하는 쉽지 않은 문제였지만 한국 속담에 열 번 찍어 안 넘어가는 나무 없다고 하지 않나. 칠전팔기, 하면 된다 정신으로 칠판에 수식을 채우고 지우기를 반복하며 쉬지 않고 써 내려간 끝에 답을 구할 수 있었다.

그때 문제가 뭐였고 어떻게 그 문제를 풀었는지는 솔직히 기억이 잘 안 난다. 하지만 그런 나를 경이로운 눈으로 쳐다보던 친구들의 얼굴은 지금도 또렷하다. 교수님도 놀란 토끼 눈을 하고 내게 물었다.

"자네, 이런 문제를 풀어본 적이 있나?"

"노."

"자네는 정말 천재로군!"

"예스."

그 후 날 향한 친구들의 시선이 완전히 달라졌다. 먼저 와서 말을 걸어주는 건 물론이고 팀 프로젝트를 할 때는 서로 날 자기 팀에 넣으려고 정말 난리였다. 이제서야 내 진가를 알아봐주는 것 같아서 내심 뿌

듯했다. 대화가 늘었고 같이 밥 먹을 친구도 생겼다. 내 세상이 왔구나 싶었다.

하지만 수학 잘하는 꼬마 동양 학생이란 타이틀은 얼마 가지 못했다. 사건의 전말은 이랬다. 하루는 부분적분을 이용해 그래프 아래 면적을 구할 일이 있었다. 그런데 책상에 앉아 열심히 적분 계산을 하고 있는 내게 친구 맷이 다가왔다.

"야, 뭐해?"

"면적 구하려고 적분하고 있는데?"

"이건 못 구하는 문젠데?"

"뭐? 못 구한다고? 이 바보야. 네가 못 구한다고 답이 없는 게 아니야. 내가 구해볼 테니 잠깐 기다려 봐."

나는 비장한 표정으로 펜을 들고 다시 문제에 집중했다. 하지만 시간이 지나도 답이 나오지 않았다. 슬슬 얼굴이 화끈거렸다. 여기서 포기할 수 없어. 쩔쩔매는 내 모습이 들킬까 더 기를 쓰고 종이 위를 수식으로 가득 채웠다. 그렇게 시간이 얼마나 흘렀을까. 갑자기 주변이 너무 조용했다. 눈치를 보며 천천히 고개를 들었다. 세상에, 다들 집에 가고 나만 캠퍼스 센터에 남아 있는 것 아닌가! 시계를 보니 2시간이 훌쩍 지나 있었다. 그제서야 맷이 "우리 갈게. 한번 잘해봐."라고 말했던 게 어렴풋이 생각났다.

알고 보니 그 문제는 정말 '못 푸는' 문제였다. 한마디로 적분 함수를 구할 수 없는 문제였다. 그 문제를 풀려고 애쓰는 것은 마치 원주율 π(파이)가 3.14…로 끝없이 이어지는 소수인 줄 모르고 소수점 끝자리를 찾으려고 애쓰는 것과 다를 바 없었다. 하지만 나는 한국에서 늘 풀이 가능한 문제만 풀었고, 그런 문제만 있는 시험을 보고 자랐기 때문에 당시에는 답이 없는 문제가 있다는 걸 생각조차 못 했다.

어려운 미적분 문제를 척척 풀어내던 수학 천재가 풍차를 향해 돌진하는 돈키호테로 전락하고 말았다. 나보다 계산도 느리고 문제도 잘 못 풀길래 은근히 한 수 아래로 깔봤던 미국 친구들도 한눈에 못 푸는 문제라고 알아차리던데, 훨씬 어렵고 복잡한 문제는 척척 풀어낸 내가 이런 '뻘짓'을 하다니 기가 막혔다. 풀 수 없는 문제인지도 모르고 들입다 풀어보겠다고 아등바등하는 내 모습을 친구들은 어떻게 봤을까? 교수님과 친구들을 감탄하게 만들었다고 생각한 나의 수학 능력은 사실 얄팍한 잔재주에 불과한 걸까?

시험에 특화된 한국산 기계들

혹시 '중국어 방 논증'을 아는가? 미국의 철학자 존 설John Searle은 기계가 생각 없이도 일할 수 있다는 것을 보이기 위해 다음과 같은 사고실험을 고안했다.

폐쇄된 방 안에 중국어를 모르는 사람 한 명이 들어 있다. 그 사람은 밖에서 중국어 질문이 적힌 카드가 들어오면 적절한 대답이 적힌 중국어 카드를 내보내야 한다. 그는 중국어를 조금도 못 하지만 방 안에는 어떤 질문이 들어오면 어떤 답을 써 내야 하는지를 설명하는 자세한 설명서가 있다. 그래서 그는 문제없이 자신의 역할을 수행할 수 있다. 중국어를 단 한 자도 알지도, 말하지도 못하는데 말이다.

나는 이 사고실험에 등장하는 '중국어 기계'와 같았다. 정확히는 '문제 풀이 기계'라고 해야겠다. 예를 들어 어떤 미적분 문제가 주어졌다고 하자. 그럼 내 머릿속에 저장돼 있는 설명서들이 쫙 펼쳐진다. 이런 경우에는 치환적분을 시도해라. 저런 경우에는 부분적분을 시도해라. 또 어떤 경우에는 사인 제곱 더하기 코사인 제곱이 1임을 이용해라. 방 안의 나는 그 설명서들의 도움을 받아 현란하게 정답을 찾아나간다. 당연히 이 설명서들은 한국에서 초등학교, 중학교, 고등학교를 다니며 모아온 것들이다. 중국어 방 밖에 있는 사람에게는 방 안의 사람이 중국어에 능통한 것처럼 보이듯 이런 나 역시 친구들에게는 수학 천재로 보였을 것이다.

하지만 한국 시험에서는 당연히 정답이 존재하는 문제 카드만 나왔기에 나는 정답이 없는 문제가 있을 수 있다는 사실과 그런 문제 유형을 한눈에 알아보는 법을 오랫동안 알지 못했다. 나무 중에는 열 번이라도 찍어 넘어뜨려야 할 나무가 있는 반면, 애초에 오르지 못할 거면

쳐다보지 말아야 할 나무도 있다. 이런 상황 판단조차 하지 못하는 내가 과연 어디 가서 수학을 잘한다고 말할 수 있을까?

처음에는 내 문제라고 생각했다. 내가 수학을 잘못 배웠다고, 내 탓이라고 말이다. 그러다가 대학교 4학년이 되었다. 당시에 운 좋게도 한 수학과 교수님이 내가 마음에 들었는지 날 수업 조교로 뽑았다. 내 담당 수업은 금융수학이라는 과목이었는데 마침 거기서 나와 처지가 같은 한국산 기계를 만났다. 한국에서 학부를 졸업하고 미국에서 MBA를 마친 후 우리 학교에서 재무학 박사 과정을 수료 중인 형이었다. 우리는 어느새 서로 이름을 부를 정도로 친해졌다. 그러던 어느 날 형이 주식의 가격이 오르내리는 그래프를 분석해서 파생상품의 적정 가격을 유추해내는 문제를 풀고 있었다. 그래프를 보고 내가 말했다.

"형, 조금 더 있으면 상한가를 찍고 가격이 떨어지겠네?"

그랬더니 형이 놀란 눈으로 물었다.

"그걸 어떻게 알아?"

"여기 보면 아래로 볼록한 모양으로 올라가던 곡선이 위로 볼록해졌잖아. 기울기가 계속 완만해지다가 내리막길로 변하려는 징후겠지."

"아래로 볼록? 위로 볼록? 그래프 곡선이 오르막길 아니면 내리막길이지 그런 것까지 따진거야?"

"그럼. 그게 얼마나 중요한데."

나는 오르막길 중에도 두 종류가 있다고 설명했다. 이제 바닥을 치고 오르기 시작하는 아래로 볼록한 곡선(╯)과 오를 만큼 오른 후 이제 최고점을 찍고 곧 떨어질 위로 볼록한 곡선(╭)이 있다고, 그리고 그 두 곡선이 만나는 점이 변곡점이라고. 그랬더니 형은 그동안 변곡점을 두 번 미분해서 0이 되는 점이라고 배웠을 뿐 이렇게 활용할 수 있을 줄은 몰랐다고 말했다.

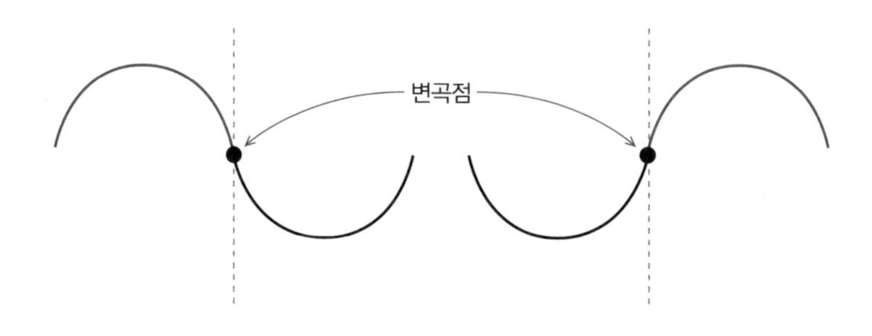

어떤 함수가 주어져도 현란한 미분 실력을 발휘해 기가 막히게 변곡점을 찾던 형이 그게 뭘 의미하는지는 구체적으로 생각해본 적 없다니. 그때 나는 깨달았다. 아, 우리는 모두 한국에서 문제 푸는 기계로 길러졌구나.

한국에서 무슨 문제가 있었는지 잠시 거슬러 올라가보자. 무려 초등학교 시절까지.

한국 수학, 뭐가 문제일까?

다음 문제를 한번 풀어보자.

> 다음 빈칸에 알맞은 수를 써넣으시오.
>
> $$5 + 10 = \square + 5 = \square$$

혹시 첫 번째 네모칸에 15, 두 번째 네모칸에 20이 들어가야 한다고 잠깐이라도 생각한 분이 있는가? 그렇다면 앞으로 내가 하는 말에 더욱 귀 기울여주기를 바란다. 아무리 그래도 이 정도도 모르겠느냐 하고 우쭐한 분이 있다면 한번 초등학교에 다니는 자녀에게 물어보기를 권한다. 자녀가 10살 정도면 아주 적당하다. 학교에서 한 자리 자연수 덧셈을 이제 막 뗀 초등학교 저학년 아이들의 십중팔구는 꼬불꼬불한 글씨로 네모칸에 15와 20을 순서대로 써넣을 것이다. 자녀의 어처구니없는 실수를 두고 너무 꾸짖지는 마시라. 실제로 이 문제는 20년 전쯤 영재교육을 제공하는 어느 사설 교육 업체에서 될 성싶은 떡잎들을 판별하기 위해 출제한 것이다.

고작 이 정도 문제가 영재 선별 시험에 나온다니, 자연수 덧셈 정도는 충분히 배웠을 아이들이 10, 15라는 정확한 답을 생각해내는 게 그토록 대단한 일이란 말인가? 이 상황이 도저히 이해하기 어렵다면 시중에 나와 있는 수학 교재들을 한번 살펴보길 바란다. 서점에 가 초등학교 저학년 교재들 중 아무거나 하나 집어 펼치면 $13+3=\square$, $8-4=\square$, $22+9-13=\square$ 같은 문제들이 빽빽하게 실려 있는 걸 볼 수 있다. 물론 사칙연산 능력은 수학 공부에서는 물론이고 실생활에서도 수도 없이 사용해야 하기 때문에 이런 반복 훈련을 통해 반드시 습득해야 한다. 하지만 이제 막 수학 공부의 걸음마를 뗀 아이들은 이 과정에서 한 가지 치명적인 오해를 하게 된다. 바로 등호(=)의 의미에 대해서 말이다.

등호는 그것을 기준으로 양쪽의 수량이나 식이 같음을 표현하는 기호이다. 따라서 $1+2=?$와 같이 물어보는 문제는 $1+2$와 같은 수 또는 식을 쓰라는 문제이다. 그래서 3은 물론 $1+1+1$이나 $1+1+2-1$, $\sqrt{9}$도 답이 될 수 있다. 다만 하나의 숫자로 된, 가장 간단한 표현 방법을 습득하는 것이 학습 목표이므로 대개 3이 가장 적절한 답이 된다. 그런데 이런 배경은 뒤로하고 문제 풀이 훈련만 지겹도록 한 아이들은 '= 모양은 왼쪽의 식을 계산해서 오른쪽 네모칸에 출력하라는 명령 표시구나.'라고 오해한 채 다음 과정으로 넘어가고 만다.

등호에 대한 올바른 이해는 올바른 수학 공부의 시작이다. 등호를 제대로 이해해야 등식과 방정식의 풀이 과정을 이해할 수 있고, 이어서 함수와 미적분을 배울 수 있기 때문이다. 실제로 네모칸 대신 x라는 기호를 사용해서 본격적으로 일차방정식을 배우는 중학교 1학년 수학 교재를 살펴보면 여전히 방정식의 풀이가 가장 간결한 단계만을 거쳐 빠르게 풀 수 있도록 설명되어 있다.

예를 들어 다음 방정식을 풀어보자.

$$2x - 4 = 6$$

우선 -4를 오른쪽으로 넘긴다. 이때 부호를 바꾼다.

$$2x - 4 = 6$$

$$2x = 6 + 4$$

$$2x = 10$$

그리고 x의 계수 2로 10을 나눈다.

$$x = 10/2$$

$$x = 5$$

마치 사전에 정해진 규칙에 따라 암호를 해독하는 것 같지 않은가? 나 또한 처음에는 답답한 마음에 선생님을 붙잡고 물어봤다.

"선생님, 넘기면 왜 부호가 바뀌나요?"

"인마, 이렇게 해야 답이 나오니까 그러지."

선생님은 참 쓸데없는 질문을 한다는 식으로 나를 꾸짖더니, 처음 식 $2x-4$의 x에 5를 대입하면 값이 6이 됨을 써 보였다.

"봐봐, 이렇게 푸니까 정답이 딱 나오잖아."

물론 우리나라 모든 수학 선생님들이 이렇게 가르칠 리는 없다. 하지만 그 후로 나는 오른쪽에 있는 값을 왼쪽으로 또는 왼쪽의 값을 오른쪽으로 넘길 때 부호를 바꾸는 규칙을 맹목적으로 따르며 방정식을 풀었다.

그렇게 세월이 흘러 내가 동생한테 방정식을 알려주게 되었다. 그런데 내 동생 아니랄까 봐, 과거에 내가 선생님께 했던 질문을 똑같이 하는 게 아닌가. "형, 왜 숫자가 등호를 넘어가면 부호가 바뀌는데?" 난들 어찌 알겠냐? 나도 알고 싶다. 결국 내가 할 수 있는 행동은 단 하나. 동생 머리를 쥐어박으며 "그냥 그런 거야! 쓸데없는 질문이나 하고 말이야."라고 말하는 것뿐이었다.

알고 보니 왜 그토록 오랫동안 끙끙 앓았는지 후회될 정도로 진실은 그리 어렵지도, 복잡하지도 않았다. 방정식을 푼다는 것은 등호의 오른쪽 값과 왼쪽 값을 같게 만드는 미지수 x를 찾는 것이다. 앞서 예로

든 $2x - 4 = 6$을 다시 한번 보자. 왼쪽의 $2x - 4$는 6과 같다. 그 $2x - 4$의 값이 6과 같아지려면 x가 뭐가 돼야 할까? 사실 이 정도의 방정식은 원리를 이해하지 않고도 그냥 암산만으로 풀 수 있다. 어떤 수에 2를 곱한 다음 4를 뺐더니 6이 됐다면 그 수는 5라고 말이다. 하지만 시험에서 변별력을 확보하기 위해 출제되는 방정식들이나 실제로 현실의 문제를 해결하는 데 쓰는 방정식들은 결코 간단하지 않다. 그것들은 암산이나 몇 가지 암기한 규칙으로는 쉽게 풀리지 않는다.

미국에서는 방정식 풀이를 우리와 다르게, 아니 우리보다 정확하게 가르친다. 먼저 등호의 의미를 학생들에게 상기시킨다. 그리고 같은 값을 동시에 양쪽에서 더하거나 빼도 계속 그 등호는 유지된다는 기본 원리에서 풀이를 시작한다. 그리고 'x =?'만 남을 때까지 가지치기를 하듯 계속 식을 간소화해 나간다.

잠시 우화 하나를 떠올려보자. 무시무시한 사자와 곰이 고깃덩어리 하나를 두고 다투고 있다. 꾀 많은 원숭이 한 마리가 겁 없이 나무에서 내려와 중재에 나선다. 고기를 공평하게 둘로 나눠준다고 말이다. 두 맹수는 원숭이의 말에 동의한다. 하지만 고기를 나눠 보니 사자의 몫이 조금 더 많다. 곰이 반발하자 원숭이는 사자의 몫을 조금 베어 먹는다. 그랬더니 이번에는 사자가 반발하고 나선다. 원숭이가 너무 많이 베어 먹어 사자의 몫이 오히려 더 적어진 것이다. 다시 원숭이는 곰의 몫을 한입 베어 먹는다. 이제 곰의 몫이 더 적어진다. 그렇게 몇 번을 반복한 끝에 원숭이는 고기를 모두 먹어치우고 나무 위로 유유히 도망친다. 욕심을 부리다 $0 = 0$이라는 등식을 만들고 만 두 맹수의 어리석음을 반면교사로 삼자는 교훈은 잠시 제쳐두자. 대신 이 답답한 맹수들이 손해를 야기하는 뺄셈을 허용한 이유를 생각해보자. 그건 바로 등호의 조건을 맞추기 위해서였다. 그리고 이것이 방정식 풀이의 기본 원리다.

물론 간사하게 양쪽에 다른 수를 빼면서 등호의 조건을 못 맞추도록 했던 원숭이와 달리 우리는 정직하게 방정식을 풀어볼 예정이다. 우선 왼쪽의 $2x - 4$를 $2x$로 만들기 위해서는 4를 더해야 하므로 오른쪽 6에도 공평하게 4를 더한다.

$$2x - 4 = 6$$

$$2x - 4 + 4 = 6 + 4$$

$$2x + 0 = 10$$

$$2x = 10$$

그다음 $2x = 10$이라는 등식에서 왼쪽의 $2x$를 x로 만들기 위해서는 2로 나눠야 한다. 이때 등호가 유지되려면 오른쪽 숫자도 마찬가지로 2로 나눠야 한다.

$$2x = 10$$

$$2x / 2 = 10 / 2$$

$$x = 5$$

자, 이것이 방정식 풀이의 정석이다. 그런데 우리나라에서는 빨리 풀자고 왼쪽의 −4를 없애기 위해 양쪽에 똑같이 4를 더하는 과정은 설명을 생략한 채, 그 −4를 오른쪽으로 넘기면 +4가 된다는 기상천외한 '널뛰기 풀이법'을 가르친다.

$$2x - 4 = 6$$

$$2x = 6 + 4$$

$$2x = 10$$

그다음 풀이도 기가 찬다. 이건 오른쪽에 남은 값을 x의 계수로 나누면 답이 나온다며 묻지도 따지지도 않고 결과를 도출하는 '막무가내 풀이법'이다.

$$2x = 10$$

$$x = 10 / 2$$

$$x = 5$$

물론 한국 수학 교과서에도 방정식 풀이의 기본 원리가 나와 있다. 하지만 선생님들은 빨리 풀기를 가르치려 하고 학생들은 빨리 풀기를 배우려 한다. 그러다 보니 이 둘이 서로 만나 말도 안 되는 풀이법이 만들어지고 말았다. 기본 원리가 너무 당연해 보이는 나머지 새삼스럽고 귀찮은 논리 단계는 무시하고 비약해버리는 구태가 우리 교실에 만연해 있다.

한국인에게 수학 유전자가 들어 있다는 착각

10대 조카나 자녀가 있다면 한번 물어보자. 어느 나라가 컴퓨터 게임을 가장 잘하는지. 웬만한 아이들, 특히 남자 아이들이면 우리나라라고 바로 대답할 것이다. 실제 2018년 자카르타 · 팔렘방 아시안게임의 e스포츠 종목에서 우리나라 선수들이 메달을 석권했다. 우리가 IT 강국이기는 하지만 유독 게임을 잘하는 이유는 대체 뭘까?

여기에는 별다른 비밀이 있는 게 아니다. 게임 하는 게 뭐 대단하냐고 생각할지 모르겠지만 프로게이머들의 연습량은 상상을 초월한다. 프로팀에 입단하면 다른 팀원들과 같이 합숙소에서 먹고 자며 최소 10시간에서 많게는 14시간 동안 게임 연습을 한다. 20대에 이미 손목, 어깨, 목 부상 때문에 수술대에 오르는 일도 비일비재하다. 그들의 삶은 웬만한 운동선수 못지 않게 치열하다.

공부도 마찬가지다. 사람마다 다를 수 있겠지만 내가 지금껏 봐온 미국 고등학생들은 오후 3시 정도면 모든 수업을 마치며, 이후 운동, 교내 오케스트라, 합창단, 봉사 활동 등에 참여한다. 개중에는 아르바이트를 하러 출근하는 학생들도 더러 있다. 저녁 7~8시가 되면 가족들이 한자리에 모여 다함께 식사를 한다. 그 후 노곤해진 몸을 이끌고 자기 방에 들어가 간신히 숙제를 한 뒤 침대에 눕는다. 미국의 명문 사립 고등학교 기숙사에서는 일정 시간 이후(보통 밤 10시, 늦어도 11시)에는 불을 켤 수가 없다. 학생이 밤 12시, 새벽 1시까지 공부를 하면 상점 대신 벌점을 준다.

반면 한국은 청소년 대부분이 매년 대학에 진학하므로 우리 고등학생들은 수능과 같은 대입 시험 대비에 절대적으로 많은 시간을 쏟을 수밖에 없다. 0교시부터 8교시까지 한나절을 공부한다. 다시 반나절을 야간 자율(강제) 학습이나 학원 수업에 할애한다. 일부 학생들은 이후에도 집이나 독서실에서 또다시 공부를 한다. 별을 보며 등교해서 별을 보며 귀가한다는 말이 결코 과장이 아니다. 게다가 부모들은 공부 시간을 빼앗을까 봐 방 청소, 설거지 등 자녀가 스스로 해야 할 일들까지 대신 해준다.

결론적으로 한국 아이들의 공부량이 미국 아이들에 비해 절대적으로 많다. 일부 수도권 학생들은 '사교육 명가' 대치동에 가기 위해 매일 '총알 봉고'를 타고, 심지어 수시 기간에는 '대입 논술 파이널'을 수강하러 비행기를 타고 통원하기도 한다. 훨씬 땅덩이가 큰 미국에서도 이렇게까지 하지는 않는다. 아이비리그 대학교에 진학하고자 하는 우등생들조차도. 이 정도면 우리 아이들의 학업 성취도가 더 높아야 한다. 그게 정상이다.

2018년 루마니아 수학마스터대회에서 우리나라 학생들이 전체 1등을 포함해 상위권을 석권했다. 매년 열리는 국제수학올림피아드에서도 한국은 늘 좋은 성적을 거두고 있다. 텔레비전 프로그램에서는 하버드 재학생도 못 푸는 수학 문제를 한국 고등학교 2학년 학생들이 척척 풀어내는 모습을 보여주기도 한다. 만약 수학이 바둑, 체스처럼 올림픽 종목이 되고 문제가 올림피아드나 수능처럼만 나온다면 양궁과 함께 우리나라 효자 종목이 될 것이다.

하지만 우리 아이들이 유독 수학 머리가 뛰어나 보이는 것은 착시에 불과하다. 학업 성취도 차이는 절대적인 공부량 차이에 기인한 것이지 우리에게 특별한 수학 유전자가 존재해서가 아니다. 따라서 현재 우리의 수학 교육 방식이 옳다고 방심해서는 안 된다. 단적으로 이공계 대학교·대학원의 국제 경쟁력 순위나 노벨상 수상 실적만 봐도 알지 않나. 그럼 천재, 영재 소리 듣던 그 아이들은 대체 어디로 간 걸까?

글로벌 둔재로 거듭나는 한국 아이들

언젠가 고등학생 자녀를 둔 한국 학부모를 만난 적이 있다. 그는 자녀를 대학에 보내기 위해 적금 통장까지 깼다고 했다. 경제적으로 여유가 있는 가정 같아 보였기에 조금 의아했다. 한국도 미국 못지않게 학비가 상당히 비싼 모양이구나. 그런데 조금 더 대화를 나누다 보니 적금을 깬 이유가 대학 등록금이 아니라 사교육비를 충당하기 위해서라는 걸 알게 되었다.

안타까운 점은 이렇게 막대한 비용과 에너지를 들였음에도 우리 아이들이 과거 몇 시간 동안 풀지 못하는 문제를 두고 끙끙 앓던 나와 같은 길을 걷고 있다는 사실이다. 이 현상은 또 이미 말한 대로 '대학은 나와야지.'라는 풍조 속에서 교육의 초점이 대학 입시에만 맞춰져 있기 때문에 생겨났다. 그러다 보니 학생 입장에서 중요한 건 남들이 맞히는 시험 문제는 나도 맞히고 남들이 틀리는 시험 문제는 나만 맞히는 것이다. 그에 대한 반작용으로 출제 측에서는 수십만 명의 응시자들을 변별하기 위해 '문제를 위한 문제'를 끊임없이 만들어낸다. 이쯤 되면 수학이 재밌고 실용적이라고 생각하는 학생에게 정신적으로 문제가 있어 보인다. 여기서 수능 수학 문제를 예시로 들면 독자들의 눈과 머리가 피로해질 것이기 때문에 비슷한 행태를 보이는 다른 사례를 제시해보겠다. 다음은 2018년도 서울시 지방공무원 7급 필기시험에 출제된 한국사 문제다.

> 7. 〈보기〉의 고려 후기 역사서를 시간순으로 옳게 배열한 것은?
>
> | | |
> |---|---|
> | ㄱ. 민지의 『본조편년강목』 | ㄴ. 이제현의 『사략』 |
> | ㄷ. 원부, 허공의 『고금록』 | ㄹ. 이승휴의 『제왕운기』 |
>
> ① ㄱ - ㄹ - ㄴ - ㄷ ② ㄹ - ㄱ - ㄴ - ㄷ
>
> ③ ㄷ - ㄹ - ㄱ - ㄴ ④ ㄹ - ㄷ - ㄱ - ㄴ

역사 교육을 중요하게 여기는 사람이 봐도 이 문제는 좀 지나치다고 생각할 것이다. '역사 강박증'을 가진 사람이 아니고서야 700년 전에 수년, 수십 년 차이로 어떤 책들이 어떤 순서로 만들어졌는지를 어찌 알겠는가? 이런 지식이 공무 수행에 정말 필요하단 말인가? 문제 제기를 끝도 없이 할 수 있겠지만, 중요한 건 아이들의 수학 교육에서도 이 같은 일이 벌어지고 있다는 점이다.

안타깝게도 수험생들은 이런 문제를 위한 문제에 완벽히 적응한다. 예전에 만났던 어느 한국 학생은 영어를 정말 못했다. 영어로 대화를 시도하면 "예스, 노"만 반복하는 게 딱 과거의 내 모습이었다. 하지만 그 학생의 토익 목표 점수는 무려 900점이었고 실제 모의고사에서도 그에 준하는 점수를 내고 있었다. 도대체 어떻게 된 건지 궁금해서 그 학생이 문제 푸는 걸 지켜봤다. 토익 듣기 영역에는 들려주는 물음에 어울리는 대답을 (a), (b), (c) 중에 고르는 삼지선다형 문제 유형이 있다. 가령 다음과 같은 식이다.(실제 그 학생 입장이 되어 들리는 대로만 적어 본 것이다.)

Q: When …… store …… close ……?

(a) Yes, it is.

(b) …… clothes …….

(c) …….

정답은 (c)인데, 놀랍게도 학생은 (c)를 전혀 못 듣고도 맞혔다. 어떻게 맞혔냐고 물어보니 학생 왈, (a)는 'When'이라는 의문사와 호응할 수 없는 'yes'라는 대답을 했으므로 오답이란다. (b)는 거의 못 들었지만 '클로즈'라는 유사한 발음이 등장했는데, 십중팔구 이런 보기는 응시자를 현혹하는 '낚시 문항'이란다. 그래서 전혀 못 들었지만 (c)가 정답일 수밖에 없단다.

이처럼 공부한 사람의 실질적인 실력 향상은 없이 오직 변별력만을 갖춘, 문제를 위한 문제를 출제하는 까닭은 수많은 응시자들을 상대로 객관적인 평가를 해야 하기 때문이다. 그래서 시험들은 대개 평가 항목과 주제별, 단원별 출제 비중이란 게 정해져 있다. 수능 같은 시험 문제만 봐도 매년 비슷한 문제 번호에 같은 유형의 문제가 숫자와 도형이 조금 바뀐 채 반복 출제되고 있다.

그래서 학생들은 기출 문제 및 그와 비슷한 변형 문제를 수도 없이 반복해 풀면서 자신의 손이 문제 풀이 자체를 기억하게 만든다. 설상가상 2020년까지 EBS 교재의 수능 연계율을 70퍼센트까지 늘린다는 교육부 방침이 발표된 후로는 EBS 문제와 사설 출판사들이 만든 'EBS 변형 문제' 또한 학생들이 반복해서 익혀야 할 족보에 추가됐다. 유명 학원의 1타 강사들은 자체적으로 '족집게 문제'를 만드는 데 매년 '억' 소리 나는 연구 예산을 쓴다고 들었다.

아무튼 이렇게 견고한 시험 대비 체제 속에, 수업 시간에 어떤 주제에 얽힌 배경이나 그 주제를 배워야 하는 이유를 다룰 틈은 조금도 없다. 학생이 그런 질문을 한다는 것은 학급 친구들에 대한 예의가 아닐뿐더러 선생님의 신경을 자극하는 요인이 되기도 한다. 그럴 시간에 문제 하나라도 더 풀어서 1점이라도 올리는 것이 중요하다는 것을 학생, 선생, 학부모 모두 받아들이고 있기 때문이다. 그 결과 지금 이 순간에도 과거의 나와 같은 글로벌 둔재가 만들어지고 있다.

컴퓨터 되는 법을 배우는 우리,
컴퓨터 쓰는 법을 배우는 그들

그래서 뭐가 문제란 말인가? 좋은 대학, 좋은 회사에 들어가고자 하는 사람은 나 하나뿐이 아니기 때문에 공정한(또는 최소한 일관성이라도 있고 사전에 공고된) 경쟁 종목이 정해져야 하고, 그렇게 정형화된 종목에서 좋은 성적을 내기 위해 연습에 연습을 거듭하는 것을 왜 못마땅해 하는가? 피겨 여왕 김연아도, 수영 황제 마이클 펠프스도 자신의 종목에서 최고가 되기 위해 혹독한 훈련을 거쳤다. 설마 배움의 목적이 살아가면서 더 나은 선택들을 하고 내가 속한 환경을 이해함으로써 지혜롭고 윤택한 삶을 영위하기 위해서라는, 원론적인 이야기라도 하려는 건가? 한국에 비해 미국은 뭐가 그리 다르다는 말인가? 미국에도 수능과 비슷한 SAT가 있고, 소위 SKY를 대신해 아이비리그 대학교들이 있다. 미국이야 말로 자유 경쟁 체제의 본거지 아닌가?

맞는 말이다. 내가 가장 잘 안다. 보스턴에서 이름난 수학 인기 강사가 바로 나니까. 수학 잘하는 학생들이 넘치는 미국 사립학교에서 미래를 이끌 어린 정치인, 경영인, 법조인 들을 가르치는 선생 또한 나다. 미국에서 대학교를 졸업한 후 나는 한국으로 돌아가지 않고 대신 가르치는 일을 천직으로 여기며 부모 손에 이끌려온 수많은 '수포자'를 미국 엘리트 고등학교와 명문 대학교로 인도했다. 물론 나 또한 학교와 학원에서 학생들의 진학률로 평가받는 입장이기에 내 교육 철학과 별개로 현실과 많이 타협하고 산다. 그래도 난 당당하게 말할 수 있다. 지금의 한국 수학 교육은 안 된다고 말이다.

우리는 초, 중, 고 12년 동안 수학을 배운다. 그것도 가장 뇌가 말랑말랑할 때, 새로운 지식을 습득하는 속도가 가장 빠른 시절에 말이다. 하지만 결과는? 주변에 누구 하나 붙잡고 수학을 좋아하는지 물어보자. 거의 없다. 찾기 힘들다. 아마 수학 교사들 중에서도 수학 싫은 사람이 분명 있을 거다. 그러니 말 다했다. 한국에서 학교를 다니는 학생들, 학교를 졸업한 성인들 대부분이 수학은 어렵고 무섭고 지루하고 재미없다고 생각한다.

12년 동안 학교에서 영어를 배우는데 외국인과 인사 한마디 제대로 나누지 못하는 건 문제라고, 대부분이 생각한다. 그렇다면 마찬가지로 12년 동안 수학을 배우는데 이걸 실제로 써먹지 못하는 것 또한 문제라는 생각이 들지 않나? 사실 우리나라 영어 수업은 영어 대신 영문을 가르친 것이고 수학 수업은 수학 대신 계산을 가르친 것이다.

무슨 차이인지 이해할 수 없다면 다음 사례를 한번 보자. 일단 함수식 $y=f(x)$가 있을 때 x에 숫자를 대입하면 원하는 y값을 얻을 수 있다는 건 다 알고 있을 터다. 문제는 함수식에 세제곱, 네제곱, 제곱근 등이 섞여 있어서 계산이 복잡할 때 생긴다. 예를 들어 $y=(1+x)^3$이고 $x=0.01$일 때 y값을 구해야 하는 문제가 있다 치자. $1.01\times1.01\times1.01$

이 바로 계산되는 사람은 없을 것이다. 늘어날 소수점 자릿수를 생각하면 벌써부터 머리가 아프다.

이때 선형근사법을 알고 있으면 편하다. 선형근사법은 복잡하게 생긴 함수식의 곡선 그래프를 확대하면 거의 직선과 같다는 점을 활용한다. 직선은 일차함수 $y = ax + b$로 표현되므로 계산이 훨씬 쉽다. 앞서 예로 든 함수의 경우, 그래프의 $x = 0.01$ 근처를 크게 확대하면 $y = 1 + 3x$와 비슷하다. 이 식에서 x에 0.01을 대입해 계산하면 $1 + 3(0.01) = 1.03$이 나온다. 선형근사법을 사용해 이렇게 간단하고 편하게 y값을 구할 수 있다.

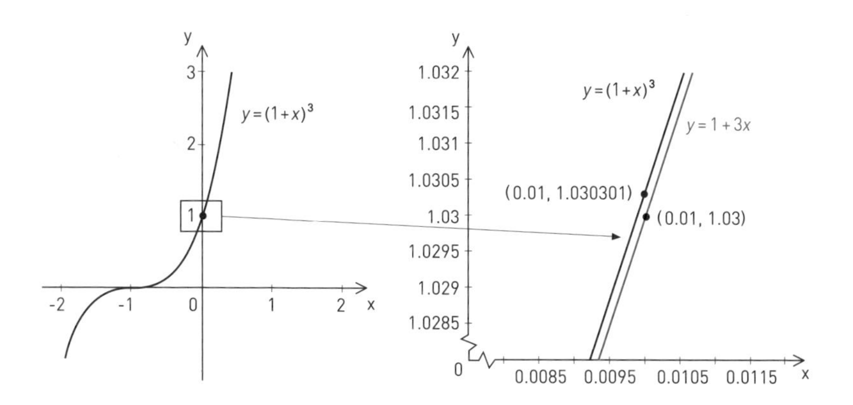

물론 누군가는 정확한 값을 구하는 대신 이렇게 대충 계산해도 되는 건가 하는 생각이 들어 불편하게 느낄 수도 있다. 하지만 수학의 본령

은 실용이다. 수학은 토지의 길이와 넓이 등을 측량하고 구조물의 질서와 원칙 등을 수량으로 나타내 그 값의 변화를 분석하기 위해 태어난 학문이다. 조금의 오차를 감안하더라도 복잡한 계산을 간단하게 만들었을 때 현실에서 얻을 수 있는 이익이 더 크다면 그 방법은 수학적으로 가치가 있다.

미국 고등학교에서 수업 시간은 물론 시험 시간에도 계산기 사용을 허락하는 건 바로 이 때문이다. 계산기를 이용해 제곱근이나 지수, 로그의 근삿값은 물론 고차방정식의 해나 함수의 그래프도 쉽게 구한다. 이렇게 계산에 드는 시간을 아껴 원리를 이해하고 현실에 적용하는 법을 더 깊이 배우는 데 쓴다. 특히 한국, 미국 모두 학년이 올라갈수록 하나의 식으로만 풀 수 있는 문제는 등장하지 않는다. 그리고 복잡한 문제를 해결할 수 있는 종합적 사고는 반드시 계산 능력에 비례하지 않는다.

미국 학생들이 계산기 또는 컴퓨터를 써서 큰 그림을 그리고 있는 지금, 한국 학생들은 스스로 컴퓨터가 되기 위한 훈련을 하고 있다. 과거에는 이런 역량이 중요했을지도 모른다. 하지만 앞으로 펼쳐질 세상, 특히 4차 산업혁명 시대에서는 이야기가 달라진다. 아직까지 '21세기' '4차 산업혁명'이란 말이 어렵게 들리는 독자들을 위해 구체적인 사례를 이야기해보겠다. 다음의 129자리 자연수는 단 2개의 소수•의 곱으로 이루어져 있다. 소인수분해를 해보라.

1143816257578888676692357799761466120102182967
2124236256256184293570693524573389783059712356
3958705058989075147599290026879543541

정답은 다음과 같다.

3490529510847650949147849619903898133417764638
493387843990820577 × 32769132993266709549961988
190834461413177642967992942539798288533

70억 인간 중 소인수분해의 최고 권위자가 한순간도 쉬지 않고 죽을 때까지 도전해도 이 문제를 결코 풀지 못할 것이다. 그럼 누가 답을 구한 걸까? 바로 컴퓨터다. 조금이라도 더 요령껏 정답을 찾을 수 있도록 인간이 알고리즘을 만들었고 컴퓨터는 그 알고리즘을 따라 말도 안 되게 빠른 속도로 풀었다. 이런 컴퓨터 수준의 퍼포먼스를 보일 자신이 없다면, 계산은 컴퓨터에 맡기고 우리는 연산 과정을 조금이라도 더 효율적으로 수행할 알고리즘을 찾는 데 집중하는 편이 낫다. 안타

여기서 소수(素數, prime number)는 1이 아닌 자연수 중에서 1과 자기 자신 이외에 약수를 갖지 않는 수다. 실수의 표기법인 소수(小數, decimal)와 다르다.

깝게도 우리가 소인수분해를 빨리하는 데 혈안인 사이 미국 학생들은 이런 첨단 알고리즘을 짜는 데 도움이 되는 이산수학의 기초를 배운다.

이런 극단적인 소인수분해를 사례로 들어서 뭘 얘기하고 싶은 거냐고? 이건 현재 블록체인, 암호화폐 등에 실제로 쓰이는 첨단 암호 방식(공개키 암호라고 한다.)으로 차세대 먹거리가 될 기술 중 하나다. '저렇게 큰 수가 소수인 건 어떻게 알았지?' 싶을 정도로 무지막지한 두 수를 곱한, 더 무지막지한 수를 힌트로 제공하고 그것을 소인수분해 해야만 암호를 알 수 있게 만든 이 기술이 미래 온라인 거래 활동의 보안을 책임질 것이다.

미래에 수학은 우리 일상과 더 밀접해질 것이다. 더 와닿게 얘기하자면 앞으로 이런 것들이 산업이 될 것이고 직업이 될 것이다. 하지만 여전히 한국의 수학 교육은 1980년대 후반 내가 고등학교를 다니던 시절과 큰 차이가 없다. 당시 유명했던 『수학의 정석』이 지금도 여전히 학생들에게 제1의 수학 교재인 상황이니 말이다. 물론 시험 자체가 새로운 변화에 뒤처져 있는 것이 문제이지, 이 책이 잘못한 것은 아니지만.

21세기를 살아갈 우리, 또는 우리 자녀는 이제 컴퓨터가 되기 위한 수학이 아니라 컴퓨터를 활용하기 위한 수학을 배워야 한다. 하지만 그게 도대체 뭔데? 뭐가 어떻게 다른 건데? 처음에는 나도 변화를 어렴풋이 느낄 뿐 명확하게 문제가 뭐고 답은 또 뭔지 파악하지 못했다. 그래서 결심했다. 국적을 불문하고 세계 최고의 인재들이 모이는 곳, 미국 명문 중고등학교에서 학생들을 가르칠 선생님들과 미래 교육 정책을 설계하는 관리자들을 배출하는 곳, 바로 하버드에 가기로.

02

좌충우돌 수학 인생

외울 수가 없어서

미국으로 유학 가서 하버드에서 공부하고 억대 연봉을 받으며 똑똑한 아이들만 가르치다 보니 현실 감각이 떨어진 것 아니냐고? 앞서 말한 것들은 나 같은 엘리트들이나 고민할 법한 탁상공론이라고? 기대를 저버려 미안하지만 난 그렇게 대단한 사람도, 똑똑한 사람도 아니다. 흔히 수학 머리는 타고난다는데 난 그쪽으로 탁월한 편도 아니었다.

어릴 적 나의 외할아버지는 교장 선생님, 어머니는 결혼 전에 음악 선생님이었다. 어쩌면 내가 선생이 된 것도 다 이런 환경에서 자랐기 때문일지 모른다. 하지만 어릴 적에는 집안 '선생님'의 보살핌을 그다지 많이 누리지 못했다. 어머니는 본인의 뒤를 이어 음악의 길을 택한 형을 뒷바라지하느라 바빴고 아버지는 일 때문에 항상 집에 늦게 들어왔다.

대신 나를 돌봐준 개인 선생님은 집에 꽂혀 있던 백과사전 전집이었다. 당시에는 인터넷이 없었기 때문에, 궁금증을 풀려면 누구에게 물어보거나 혼자 정보를 찾아봐야만 했다. 예를 들어 전쟁 영화를 보다가 잠수함이 나오면 그 안에 있는 군인들은 어떻게 숨을 쉬는지 궁금해졌다. 그럼 백과사전 색인을 참고해 잠수함을 찾아봤다. 그러면 감압기, 담수기 같은 모르는 용어가 튀어나왔고, 이걸 또 찾아봤다. 이런 식으로 백과사전을 보고 또 봤다. 그랬더니 어느 순간부터 그 많은 내용이 머릿속에 들어와 있었다. 나를 보고 '걸어 다니는 백과사전'이라고 부르며 기특하게 여기는 동네 어른들도 생겼다.

그렇다고 해서 내가 선천적으로 암기력이 뛰어난 천재였던 건 아니다. 텔레비전에서 가끔 볼 수 있는, 책의 내용을 사진 찍듯 기억하는 그런 종류의 천재와는 거리가 멀었다. 백과사전을 통으로 외울 수 있었던 건 그것이 어릴 적 나의 유일한 장난감이었기 때문이다. 애초에 작정한 게 아니라서 그 내용을 외우는 일은 지루하지 않았다. 요즘도 보면 공부를 끔찍이 싫어하는 아이들도 컴퓨터 게임의 규칙, 유럽 프로축구 선수들의 이적 현황, 새로운 아이돌 멤버 이름을 술술 꿰고 다닌다. 누구든지 본인이 흥미를 가진 것은 지루함 없이 반복해서 보고 어려움 없이 외울 수 있다.

하지만 호기심 많고 책 읽기를 좋아하는 내게도 약점이 있었으니, 바로 밑도 끝도 없는 '통암기'였다. 그건 정말인지 내 성향과 안 맞았다. 솔직히 고백하면 난 지금까지 전화번호를 5개 이상 외워본 적이 없다. 수학을 좋아했지만 수학 공식을 외우는 게 너무 싫어서 수학을 때려치울 생각도 해봤다. 선생님이 가르쳐주는 대로 외워서 공부하는 것에는 영 소질이 없다는 걸 난 비교적 일찍 깨달았다.

자꾸만 도형을 쪼개는 소년

암기하는 공부를 참 싫어했지만 초등학교, 중학교 시절에는 부모님께 걱정 끼치지 않을 정도로 성적이 꽤 잘 나왔다. 어떻게 가능했냐고? 알고 싶은 걸 찾기 위해 묻고 이해하는, '걸어 다니는 백과사전'이 되기 위한 공부 방식이 몸에 베어 있었기 때문이었다.

예를 들어 중학교 1학년이 되면 다각형의 내각의 합 공식을 배운다. 삼각형은 180도, 사각형은 360도, 오각형은 540도, 그리고 n각형은 180(n-2)도. 하지만 180(n-2)라는 공식을 그냥 외우는 건 나와 맞지 않았다. 대신 사각형, 오각형, 육각형 등을 다음과 같이 삼각형 조각들로 나눌 수 있음에 주목했다.

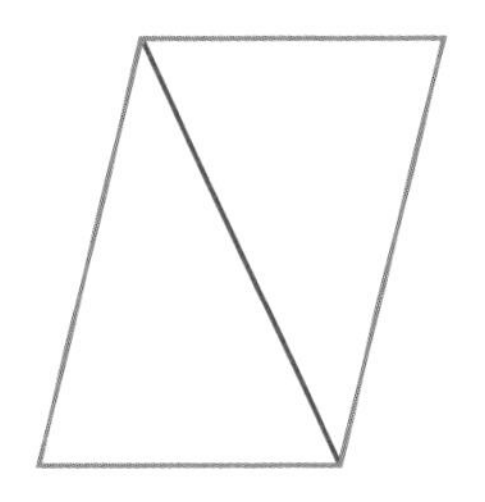
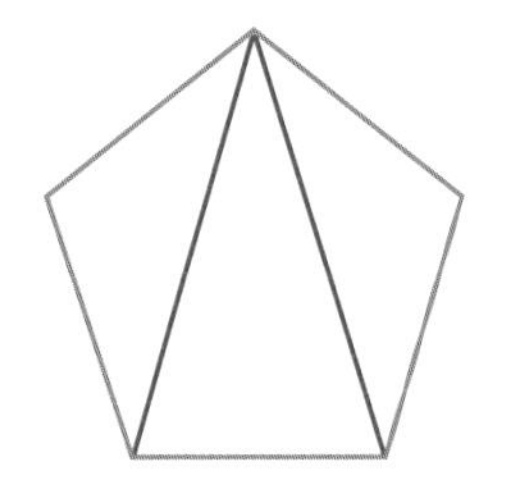
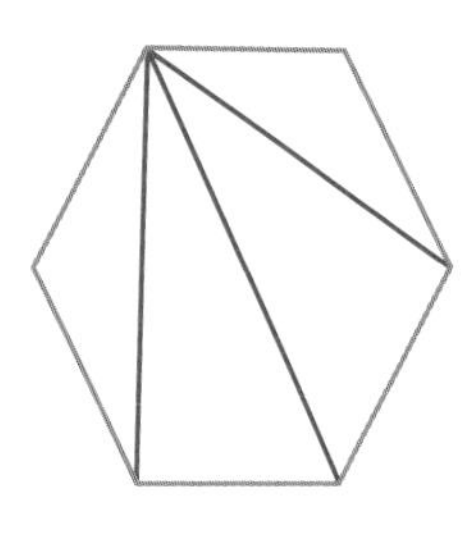

이렇게 난 문제에 다각형이 나올 때마다 삼각형으로 잘게 쪼갰다. 그러다 보니 수업 시간에 딴짓을 한다고 선생님께 혼나기도 했다. “너 풀라는 문제는 안 풀고 왜 자꾸 도형을 쪼개니? 집중 안 할래?” 그런데 그렇게 억울하게 꾸중을 들으면서까지 계속 쪼개다 보니 신기하게도 어떤 패턴이 보이기 시작했다. 사각형은 삼각형 2개짜리, 오각형은 3개짜리, 육각형은 4개짜리, 이렇게 말이다. 아, 그래서 (n-2)가 나왔구나! 이제 삼각형 내각의 합이 180도인 것만 납득하면 된다. 궁금하다면 다음을 한번 보자.

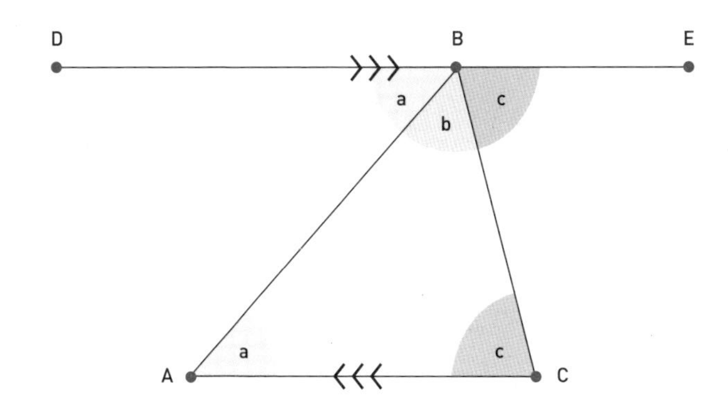

우선 $\triangle ABC$에서 밑변 $\overline{AC}$와 평행한 직선 $\overleftrightarrow{DE}$를 그려보자. 여기서 $\angle BAC$와 $\angle DBA$는 엇각이므로 그 크기가 같다.* 같은 이유로 $\angle EBC$와 $\angle BCA$도 같다. 그런데 $\angle DBA + \angle ABC + \angle EBC$는 평각, 즉 180도다. 이 모든 걸 수식으로 정리하면 다음과 같다.

$$\angle DBA + \angle ABC + \angle EBC = 180^\circ$$

$$\angle DBA = \angle BAC,\ \angle EBC = \angle BCA$$

$$\angle BAC + \angle ABC + \angle BCA = 180^\circ$$

이 설명이 복잡하게 느껴지면 그냥 아무 교재에 있는 삼각형의 세 귀퉁이를 잘라서 조립해보라. 그럼 평각(180도)을 만들 수 있을 것이다.

삼각형 내각의 합이 180도라는 사실을 납득한 후, 사각형 이상의 다각형은 삼각형 조각들로 쪼개라는 지침에 따라 문제를 반복해 풀다 보니 어느새 다각형의 내각의 합 공식은 외우지 않아도 내 머릿속에 들어와 있었다. 물론 배보다 배꼽이 더 큰 공부법이라고 생각할 수도 있다. 하지만 내각의 합뿐만 아니라 다각형의 넓이나 다면체의 부피 등에도 유사한 규칙을 적용할 수 있어, 물 밀듯 밀려오는 기하학 공식들 속에

---

* 유클리드 기하학의 정리에 따라 두 직선이 서로 평행하면 두 직선을 가로지르는 직선이 만드는 엇각 또한 서로 같다.

서 친구들이 허우적거리고 있을 때 원리를 터득한 나는 여유롭게 다음 단계로 넘어갈 수 있었다.

이런 비슷한 경험을 몇 번 하고 나니 꼭 학교 선생님이 하라는 대로 외우지 않고 내 방식대로 공부해도 되겠다는 확신이 생겼다. 그렇게 중학교까지 수업을 따라가는 데는 별 무리가 없었다. 그냥 외우는 게 아니라 스스로 묻고 직접 답을 찾는 법을 일찍부터 익힌 덕분에 나는 본의 아니게 좋은 출발을 할 수 있었다.

지금은 내비게이션이 있지만, 20세기까지만 해도 길을 찾아가려면 전화로 묻고 받아 적은 대로 찾아가야 했다. 이렇게 그냥 받아 적은 내용은 조금만 시간이 지나면 무슨 말인지도 모를 만큼 완전히 생소해진다. 하지만 메모한 것에 그치지 않고 직접 헤매면서 목적지를 찾아가 본 경험이 있으면 그다음부터는 몸이 그 길을 기억한다. 이처럼 처음에는 무섭게만 느껴지는 복잡한 수학 공식들도 그런 모양새를 하고 있는 이유를 스스로 묻고, 공식이 시작되는 원리나 사실을 찾아내 거기서부터 이해해나간다면 괴롭게 외우지 않아도 그 내용이 오래도록 기억에 남는다.

입시판의 루저

이렇게 묻고 답하며 모르는 것을 찾아나가던 나는 중학교 졸업 후 지역 명문으로 꼽히던 마산중앙고등학교에 입학했다. 당시 이 학교에 입학하려면 고입 학력고사 성적이 200점 만점에 190점 이상이어야 했다. 시험에서 10문제 이상 틀리면 떨어졌다는 뜻이다. 그런데도 만점자가 10명 가까이 됐다. 전교 꼴찌도 점수가 190점이었으니 1등과 꼴찌의 점수 차가 10점밖에 안 됐다. 이 살벌한 곳에서 나는 안일하게 공부하다가 순식간에 낙오자가 되고 말았다.

지금도 그렇지만 당시 대입 경쟁은 '입시 지옥' 그 자체였다. 국민학교(지금의 초등학교) 때부터 닭장 같은 교실에 60명 이상의 학생들이 옹기종기 모여 앉아 수업을 들었다. 학생 수에 비해 교실이 부족해 오전반, 오후반이 나뉘어 운영될 정도였다. 대학 입학 정원은 한정돼 있는데 사람이 그토록 많았으니 지금보다 넉넉하지 않은 시절이었음에도 대입 경쟁률이 엄청났다.

상황이 이렇다 보니 시험에는 무조건 많은 시간을 투자해 많이 외운 학생만을 구제해주는 문제들이 출제됐다. 스스로 원리를 깨우쳐가며 공부해서는 감당하기 어려울 만큼 문제 유형이 너무 다양했고 시험 시간은 한참 부족했다. 오늘날 수능도 비슷한 비판을 받고 있지만 학력고사 문제들은 그 정도가 더욱 심했다. 한 예로 학력고사에 나왔던 다음 기출 문제를 보자.

> 자연수 n에 대하여 $f(n) = \sum_{k=1}^{n}({}_{2k}C_1 + {}_{2k}C_3 + {}_{2k}C_5 + \cdots + {}_{2k}C_{2k-1})$일 때, $f(5)$의 값을 구하시오.

이 문제는 파스칼의 삼각형과 그 삼각형을 만들어내는 원리, 그리고 그 삼각형의 값과 조합 간의 상관관계를 이해하면 충분히 풀 수 있다. 하지만 안타깝게도 당시에 그렇게 원리를 하나하나 이해시켜가며 가르쳐주는 선생님은 없었다. 대신 조합의 합을 구하는 공식을 외우게 시켰다. 모든 공부가 이런 식이었다. 그건 '걸어 다니는 백과사전'이라 불릴 만큼 호기심 많고 책을 좋아했던 나조차도 공부에 정을 뚝 떼게 만들 정도로 재미없고 괴로운 공부였다.

그런 시대, 그런 장소에서 특별히 머리가 좋은 것도 아닌 주제에 '미련한 암기는 딱 질색이야. 핵심만 외울래. 이거, 이거, 이거. 공부 끝!' 하는 식으로 요령을 피우며, 남은 시간에 이웃 여고와의 미팅을 나가곤 했다. 모든 수험생에게 공평하게 주어진 하루 24시간을 헛되게 쓰기 시작한 것이다.

그때부터 내 삶은 내리막길로 추락하기 시작했다. 그것도 그냥 내리막길이 아니라 점점 경사가 가팔라지는, 위로 볼록한 내리막길이었다.

실패와 좌절의 연속이었다. 예나 지금이나 잘못은 비인간적인 입시 체제에 있지 수험생 개인에게 있겠느냐마는, 내가 입시판의 루저라는 사실은 변함없었다. 그때까지 큰 걱정 끼치지 않고 성실하게 학교 생활을 해왔기에 부모님은 성적이 좀 떨어져도 정신 차리면 올라가겠지 생각하며 끝까지 날 믿어주었다. 하지만 정신 차리는 데, 정확히는 입시판에 적응하는 데 너무도 오랜 시간이 걸렸다.

원래 나는 의대에 가고 싶었다. 하지만 학력고사에서 내가 원하는 대학의 입학 점수에 한참 모자라는 점수를 받았다. 참담했다. 결국 재수를 선택했다. 처음에는 딱 1년만 엉덩이 붙이고 미련하게 공부해보자는 각오로 임했다. 하지만 두 번째 학력고사에서 또 실패했다. 두 번 실패하니 억울하기까지 했다. 그래도 아직까지는 내가 공부에 그런대로 소질이 있다고 생각했다. 마지막이라는 생각으로 한 번 더 도전했다. 그렇게 삼수생이 되었다. 하지만 하늘은 정말 무심했다. 결국 나는 의대에 못 갔다.

내리막에도 끝은 있다

그렇게 의대에 세 번이나 미끄러지고 후기 대학에 입학했다. 학점은 열심히 챙겼지만 한편으로는 원하는 학교, 원하는 학과가 아니라서 그런지 대학 생활이 만족스럽지 않았다. 그래서 군대를 제대하고 복학 대신 유학을 선택했다. 그때가 25살이었다. 도망치듯 떠난 미국 유학길이었지만 의외로 삼수까지 한 내가 미국 대학은 한 번에 합격했다. 아, 내가 살 곳은 여기구나. 드디어 나의 내리막 곡선이 변곡점을 지나 경사가 완만해진 것 같았다. 부디 바닥을 치고 올라갈 일만 남았기를.

내가 입학한 곳은 매사추세츠 대학교 애머스트 캠퍼스University of Massachusetts at Amherst 컴퓨터과학과였다. 매사추세츠 공대MIT만큼은 아니어도 황창규 KT 대표이사, 진대제 전 정보통신부 장관 등이 동문일 정도로 나름 실력 있는 인재를 배출하는 명문이었다. 그곳에는 어려서부터 파스칼, C언어 등의 기계어들을 섭렵한 미국 학생들이 바글바글했지만 졸업만 하면 인텔, IBM, 마이크로소프트 등 기라성 같은 대기업에 그냥 취직할 수 있다기에 무작정 버티겠다고 마음먹었다. 그런데 시간이 지나면서 단순 노력만으로는 친구들을 도저히 따라잡을 수 없다는 걸 깨달았다. 컴퓨터의 특징을 충분히 이해해야 코딩을 하든 에러를 잡든 할 텐데 친구들에 비해 난 기초가 너무 약했다. 에러 8개로 시작한 프로그램을 4시간 동안 디버깅하니 30개 넘게 에러가 더 생긴 적도 있었다.

결국 두 학기를 겨우 버티고 담당 교수를 찾아갔다. 한국에서 입시 세 번에 대학 한 번까지 총 네 번의 실패를 겪었기에 이번만큼은 절대 물러설 수 없었다. 부족한 영어 실력이지만 진심을 담아 꽤 오랫동안 나의 고민을 솔직하게 털어놓았던 것 같다. 한참을 듣고 난 교수님은 뜻밖의 제안을 했다. "그럼 수학과 수업을 들어보겠나? 우리 학과랑 관련 있는 건 대개 응용수학 수업들이지만 그래도 괜찮다면 말이네. 그럼 학점도 인정될 테니 졸업에도 무리가 없을 걸세."

아직도 난 이때 날 상담해준 교수님을 인생의 구세주라고 생각한다. 그분이 없었다면 졸업장 없이 쓸쓸히 다시 한국으로 돌아갔을 테니까. 정신 차려보니 늦게 배운 도둑이 날 새는 줄 모른다고 난 어느새 전공 수업보다 수학과 수업을 더 열심히 듣고 있었다. 그때 고등 수학의 기초를 새롭게, 그리고 탄탄하게 다질 수 있었고 그것이 지금까지 내가 수학을 공부하고 가르치는 데 큰 도움을 주고 있다. 아무튼 난 어느덧 수학과 행사까지 참여할 정도로 그쪽 무리에 속하게 되었고 다행히 졸업까지 했다.

대학교에서 수학을 공부하는 건 즐거웠지만 그렇다고 처음부터 수학과 관련된 일을 해야겠다고 생각했던 건 아니다. 졸업 후 보스턴에서 이런저런 일을 하며 지내고 있었는데 잘 풀리지 않아 고민이 많던 시기가 있었다. 마침 하버드대 의대 교수님 소개로 우연히 수학 강사 일을 시작했는데, 그게 3~4년이나 계속됐다. 수학을 가르치는 일은 생각보다 나와 잘 맞았다.

특히 나를 더욱 춤추게 한 건 원장과 학부모들이 해준 좋은 선생님, 훌륭한 선생님, 유능한 선생님 같은 칭찬이었다. 보스턴에서는 일개

학원 파트타임 강사들도 모두 화려한 이력과 뛰어난 두뇌를 가지고 있다. 그 가운데서 가장 '덜 똑똑한' 내가 다른 선생님들을 제치고 가장 잘 가르친다는 칭찬을 듣기란 여간 쉬운 일이 아니다. 아마도 내가 학생들과 비슷한 학창 시절을 보냈기 때문 아닐까? 공부가 가장 쉬웠을 다른 아이비리그 출신 선생님들과 달리 나는 학생들이 어떤 부분을 왜 어려워하는지 확실히 알고 있었다. "너 이거 잘 모르겠지?"라고 물으면 아이들은 백이면 백 놀라워하며 "선생님 귀신인데요? 어떻게 아셨어요?"라고 되물었다. "너땐 나도 그랬거든." 이렇게 가려운 부분을 콕콕 집어 긁어주니 입소문이 나서 나를 찾아오는 학생들과 학부모들이 점점 늘었다.

소질도 좀 있었던 것 같고 무엇보다 가르치는 일이 너무 재미있어서 이쪽으로 전문적인 교육을 받아보고 싶다는 생각이 커졌다. 나이를 먹을수록 학원 선생만으로 미래를 준비하는 건 불안하기도 했다. 젊고 똑똑한 후배들이 계속 치고 올라오는 가운데 살아남기 위해서라도 나의 커리어를 확장할 필요가 있었다. 마침 내가 사는 매사추세츠주는 학교 교사가 되려면 꼭 석사 학위가 있어야 한다. 마흔이라는 적지 않은 나이에 부양해야 하는 가족까지 있는 처지라 많이 고민했지만, 결국 하버드대 익스텐션 스쿨에서 공부를 더 하기로 결심했다.

물론 처음에는 좀 주저했다. 과거 한국에서 여러 번 입시에 낙방했던 경험이 내 발목을 잡았다. 내가 과연 하버드란 곳에 갈 수 있을까 하는 두려움이 엄습했다. 괜히 비웃음을 살까 추천서를 부탁하는 일도 굉장히 조심스러웠다. 하지만 난 포기하지 않았다. 그리고 결국 합격증을 손에 쥐었다.

드디어 하버드

수업 첫날, 세계 최고의 대학으로 손꼽히는 하버드이니 수업 분위기도 엄숙하고 진지할 것으로 예상하고 잔뜩 긴장한 채 강의실 문을 열었다. 하지만 그곳은 어휘 수준만 빼면 유치원과 다를 바 없었다. 선생님들이 동화책을 읽어주고 그 책에 대한 질문을 받은 아이들이 "저요! 저요!" 하며 서로 말하겠다고 손을 드는, 시끌벅적한 그곳 말이다. 그만큼 토론이 활발했다. 나도 말이 적은 편이 결코 아닌데, 그렇게 많은 사람이 그렇게 오랜 시간 떠들 수 있다는 사실에 혀를 내두를 정도였다.

정말이지 수학을 배우는 입장에서, 그리고 수학을 가르치는 입장에서 생각해볼 만한 모든 주제로 이야기를 나눴던 것 같다. 그중 특히 기억에 남는 토론이라면 하나 있다. 그날 우리는 '고등학교 수학 시간에 계산기 사용을 허용해야 하는가? 허용해야 한다면 어느 정도로 허용해야 하는가?'라는 주제에 대해 논의하고 있었다.

앞서 말했다시피 미국은 고등학교부터 수학 수업과 시험에서 계산기를 사용할 수 있다. 요즘 아이들이 사용하는 계산기는 방정식의 해 구하기, 함수의 그래프 그리기, 행렬의 계산 등을 모두 수행할 수 있을 정도로 성능이 좋다. 이런 복잡한 계산을 기계에 위임하면 학생들이 좀 더 재미있게 수학을 배울 수 있을까? 아니면 오히려 수학을 지루하게 만들까? 손으로 힘들게 풀어서 결과를 도출했을 때의 쾌감을 계산기가 빼앗는 건 아닐까? 계산이 느리고 정답을 바로 찾지 못한 사람도 훌륭한 수학적 아이디어를 생각해내는 걸 보면 오히려 계산기가 진입 장벽을 낮춰주는 걸지도 모르는데?

학생들은 금지해야 한다는 강한 반대부터 특정 기능에 한해서 허용해야 한다는 부분 찬성, 모든 종류의 계산기 사용을 의무화해야 한다는 전면 찬성까지 다양한 의견을 봇물 터지듯 쏟아냈다. 우리가 고등학교에서 계산기 사용을 금지하는 제안서를 교육부에 내고 계산기 안 쓰기 운동을 펼치면 휴대용 계산기 시장의 절대 강자인 텍사스 인스트루먼트Texas Instrument 회사에서 청부 살인 업자를 고용할 수도 있다고 농담을 늘어놓은 친구 덕분에 크게 웃던 기억도 난다.

다른 고차원적인 토론들도 많이 했지만 지금 내게 계산기에 관한 이 가벼운 토론이 특히 기억에 남는 까닭은 뭘까? 바로 그것이 오늘날 수학 교육이 어떻게 바뀌어야 하는지에 대한 고민과 맞닿아 있기 때문 아닐까? 빅데이터, 사물인터넷, 자율주행 등 기존에 듣도 보도 못한 새로운 기술들이 계속 등장해 우리의 일상에 스며들고 있다. 앞으로 4차 산업혁명이 본격 전개되면 생소한 첨단 기술들은 더 늘어날 것이다. 따라서 1장에서 말했듯 이제는 컴퓨터가 되기 위한 수학 공부가 아니라 컴퓨터를 쓰기 위한 수학 공부가 절실하다. 문제는 시간은 한정되어 있는데 가르칠 것은 점점 늘어나고 또 심오해지고 있다는 점이다. 계산을 잘하는 것도 능력이라며 누구보다도 빨리, 정확하게 문제를 푸는 연습만 12년을 했던 나로서는 미국에서 아이들에게 수학을 가르치면서도 계산기 사용에 대해 그다지 호의적이지 않았다. 하지만 단순히 계산 시간을 줄이기 위해서가 아니라 그 시간으로 무엇을 할 것인가를 논의하기 위해 계산기 이야기를 해야 한다는 사실을 하버드에서 깨달은 뒤로는 생각이 달라졌다. 지금의 내가 당시 그 시간으로 돌아간다면 나는 주저 없이 말할 것이다. "무조건 사용해야 한다."

나는 하버드에서 시험 치고 증발되는 수학이 아닌 앞으로 우리가 갖춰야 할 사회적 교양으로서의 수학이 무엇인지, 그리고 이를 어떻게 효과적으로 전달할 수 있을지에 대해 치열하게 고민하며 2년을 보냈다. 그리고 매일 새벽 4시 반에 일어나 공부하고 무수한 토론 배틀에서 전적을 쌓아가며 그 답을 찾으려 부단히 애썼다. 세상이 수학을 필요로 하는 만큼 단순히 '좋은' 수학 선생님이 되는 걸로는 부족하다고 느꼈다. 그리고 다짐했다. 자라나는 아이들이 재수, 삼수까지 하면서 미련하게 공부했던 내 과거를 답습하지 않도록 이끌어주는 선생님이 되겠다고. 그래서 사회 나가서도 두고두고 고마워할 그런 수학 선생님이 되겠다고. 그렇다. 비로소 나는 내 모든 걸 쏟을 평생의 목표이자 꿈을 하버드에서 찾았다.

03

미래에 오신 것을 환영합니다

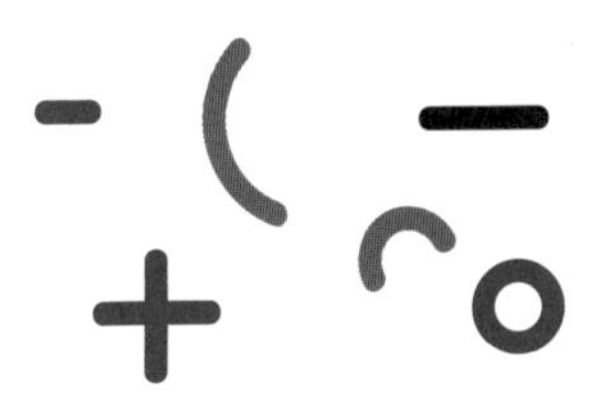

오늘은 어제와 분명 다르다

2016년 다보스포럼에서 클라우스 슈밥 Klaus Schwab 회장이 '4차 산업혁명'을 이야기하고 구글의 인공지능 알파고와 프로 바둑 기사 이세돌이 격돌한 이후 수학에 대한 사람들의 태도와 시선이 많이 달라졌음을 느낀다. 예전에 수학은 학생들이 주로 공부했는데, 최근 들어 미래의 과학기술에 지배당하지 않기 위해 성인들도 다시 수학을 공부하는 추세다. 특히 인공지능 알고리즘, 빅데이터 등에 응용되는 미적분이나 통계가 인기다. 내 생각에는 마치 외국어 입문서처럼 수학책을 펼쳐보는 시대가 온 것 같다.

물론 "스마트폰의 원리를 알아야 스마트폰을 사용하는 건 아니잖아?"라고 반문할 수 있다. 그리고 이런 물음은 '왜 힘들게 수학을 배워야 하는가?'라는 질문으로 이어진다. 실제로 학생들이 가장 많이 묻는 질문은 어떤 수학 개념이나 문제보다 바로 이거다. "선생님, 수학을 왜 배우는 거예요? 참 쓸데없어 보이는데."

잠깐 샛길로 새보자. 600년 넘게 중국과 일본, 한국에서 널리 읽힌 유명한 소설 『삼국지』를 아는가? 거기에 여포라는 장수가 나온다. 아마 싸움으로 치면 삼국지 전체에서 랭킹 1위일 것이다. 그런데 그런 전설급 캐릭터가 삼국지 초반에 허망하게 죽는다. 장차 어떤 자를 주군으로 모셔야 결국 중원을 장악할 수 있을지에 대한 고민은 전혀 없이 당장 조금 더 유리한 선택지가 나타나면 가차 없이 현 주군의 목을 베고 새로운 충성을 맹세하기를 반복했기 때문이다. 큰 판을 보지 못하고 눈앞의 이익을 좇던 자의 최후라고 감히 말해본다.

수학도 마찬가지다. 당장 컴퓨터를 사용하는 데, 인공지능 스피커를 이용하는 데 수학이 필요한 건 아니다. 막말로 컴퓨터 전원을 켜고 로그인을 할 때 연립방정식의 해를 입력해야 하는 건 아니지 않나. 하지만 급속도로 발전하는 과학기술의 달콤한 열매가 익어 떨어지길 편히 손 놓고 기다리기에는 지금 일어나는 변화들이 심상치 않나. 전문가의 언어였던 수학이 우리 모두의 언어로 확장되는 데는 다 이유가 있는 법이다.

한 100년 전으로 거슬러 올라가보자. 1900년대 초 뉴욕 맨해튼의 중심을 가로지르는 5번가를 약 15년의 간격으로 찍은 두 사진이 있다.(65쪽 그림 참조) 위 사진에는 간간히 보이는 차들을 제외하면 마차들이 큰 길을 가득 메우고 있다. 그런데 10여 년 만에 상전벽해가 일어났다. 아래 사진에 마차는 거의 보이지 않고 자동차들이 거리를 채우고 있다. 당시 사람들은 변화를 크게 느끼지 못하고 살았을 것이다. 하루하루 살기 바빴을 테니까. 그러다가 말 먹이 주는 사업, 안장 파는 사업, 말의 휴식 공간을 제공하는 사업은 점점 손님이 줄다가 결국 도산했다. 그 자리는 주유소와 세차장이 대신 채우기 시작했다.

차츰 가열되는 냄비 속 개구리는 온도 변화를 알아채지 못하고 죽어버린다고 한다. 그럼 지금 우리는? 세상과 산업이 어떻게 바뀌고 있는지 모른 채 밤잠 안 자고 성실하게 일했는데, 어느 날 "어? 잘 나가던 회사가 갑자기 왜 이 모양이지?" 하고 탄식을 내뱉는 개구리가 미래의 내 모습은 아닐는지. 지금 이 순간은 1900년대 초의 상황과 크게 다르지 않다. 아니, 크게 다르다고 해야 할까? 지금 사라지고 있는 것은 마차가 이끄는 산업이 아니라 인간 두뇌가 이끄는 산업이니 말이다.

그렇다. 4차 산업혁명으로 교체되고 있는 것은 인간의 전유물로 여겨졌던 지능이다. 이런 변화는 기존 산업, 아니 문명의 근간을 뒤흔들 것이다. 빅데이터, 인공지능, 블록체인, 클라우드 등 4차 산업혁명의 새로운 과학기술은 법, 종교, 산업, 교육 등 사회 시스템 전반뿐 아니라 개

1900년과 1913년 뉴욕 맨해튼 5번가 거리를 비교한 사진.
(사진 출처 위: US Archive, 아래: George Grantham Bain Collection)

인의 행동, 선택, 욕망의 작동 공식도 바뀔 것이기 때문이다. 육체적으로 기계에게 뒤지고 정신적으로 인공지능에게 뒤지는 인간이 설 자리란 과연 존재할까? 새로운 환경에 적응하지 못하면 평범하게 밥벌이하고 살아가는 것조차 어려워 보인다.

냄비에서 물이 끓기를 기다리는 개구리가 되지 않으려면 수학이라는 언어를 아는 것이 아주 중요하다. 아니, 왜 결론이 이렇게 나? 공부시키려는 꼼수인가? 수학 몰라도 지금까지 첨단 과학기술을 이용하며 편하게 잘 살았는데? 이런 반응, 솔직히 예상했다. 그래서 수많은 예 중 특히 많은 사람들이 주목하는 빅데이터와 인공지능으로 내 주장을 뒷받침해보려 한다. 이를 통해 여러분이 새로운 세상의 모습을 스스로 그려보고 가까운 미래를 대비하기 위한 수학의 필요성을 깨달을 수 있으면 좋겠다.

많을수록 만사형통

'슈뢰딩거 고양이'로 유명한 물리학자 에르빈 슈뢰딩거Erwin Schrödinger는 생물학에도 관심이 많았다. 특히 그가 궁금해한 질문은 '왜 생물은, 특히 인간은 이렇게나 많은 수의 세포들로 이루어져 있는가?'였다. 그리고 자신의 책 『생명이란 무엇인가』에서 나름의 답을 제시했다. 쉽게 설명하면, 세포 중에는 고장 난 세포들이 일정 비율로 존재하기 마련인데, 비율이 일정해도 전체 세포 수가 많을수록 이 불량 세포의 영향이 상대적으로 줄어든다는 얘기다. 정상 세포의 절대적인 숫자가 많을수록 생물에게는 유리하다는 소리인데, 우리가 주목할 것은 뭐든지 양이 많을수록 전체적으로 왜곡이 줄어든다는 자연의 이치이다.

정육면체 주사위를 고작 여섯 번 던져서는 '1이 나올 확률은 6분의 1'이라는 이론을 확인할 수 없다. 1이 아예 안 나올 수도 있고 여섯 번 모두 1이 나올 수도 있다. 하지만 6만 번 던지면, 장담컨대 1이 나올 확률이 6분의 1에 아주 근접하게 나올 것이다. 뭐? 아주 아주 말도 안 되는 기적이 벌어져서 6만 번 동안 1이 한 번도 안 나왔다고? 다시 6억 번을 던져라. 이번에는 분명 이론을 따르는 결과가 나올 것이다.

야이, 그럼 네가 던져봐라. 무책임한 말처럼 들릴지도 모르지만 이게 빅데이터의 본질이다. 정말 압도적인 양의 샘플이 존재하면 그중 표준에서 벗어나 결과를 왜곡하는 샘플의 영향을 극적으로 낮출 수 있다. 고로 빅데이터를 잘만 활용하면 매우 정확한 예측이 가능하다.

이제 빅데이터가 뭔지는 알겠는데 현실적으로 그 많은 자료를 어떻게 수집하고 분석할까? 예를 들어 일일 견과류 섭취량과 콜레스테롤 수치 사이의 상관관계를 알고 싶다고 하자. 고전적인 방법으로는 돈, 하다못해 커피 교환권이라도 쥐어주고 피실험자를 모집해야 한다. 그리고 그들을 매일 견과류를 먹은 집단과 그렇지 않은 집단으로 나누어 콜레스테롤 수치를 추적한다. 이렇게 하면 외부 요인에 따른 변수가 발생한다. 비만이라서 콜레스테롤 수치가 잘 안 떨어지는 사람이나, 콜레스테롤 분해 인자를 선천적으로 지니고 있어서 견과류를 안 먹어도 수치가 잘 떨어지는 사람이 있을 수 있다. 이 변수를 줄이려면 피실험자를 최대한 많이 모집해야 하는데 현실적으로 예산은 한정돼 있다. 견과류가 아니라 의약품 생동성 실험이었으면 그 비용이 정말 만만치 않을 것이다.

그런데 만약 전국 모든 공장의 견과류 생산량, 모든 도소매점의 견과류 판매량, 모든 소비자의 견과류 온라인 주문량과 오프라인 소비량에 대한 데이터를 얻을 수 있다고 하자. 또 그 소비자들이 병원에 가서 측정한 콜레스테롤 수치를 모두 알 수 있다고 하자. 이 빅데이터를 분석하면 견과류 섭취량과 콜레스테롤 수치 사이의 상관관계를 거의 정확하게 알 수 있다. 그리고 오늘날 이런 데이터들은 개개인의 인터넷 활동 기록, 신용카드 사용 기록, 병원 진료 기록 등을 토대로 정말로 수집이 가능하다. 이런 상관관계는 병원에서 개인 맞춤 식단과 처방을 내리는 데, 회사에서 타깃 광고와 메일링 서비스를 집행하는 데, 농부들이 어떤 견과류를 재배할지 결정하는 데, 소비자들이 제한된 예산으로 합리적인 소비를 하는 데 두루 도움이 된다.

빅데이터의 활용성은 무궁무진하다. 점심시간에 주변 직장인들이 어느 요일, 어떤 날씨에 무슨 음식을 먹는지에 대한 빅데이터가 있으면 식당은 때마다 식재료를 알맞게 준비할 수 있다. 주변 사람들이 어떤 일을 하고 소득은 얼마며 어떤 책을 주로 구매하는지에 대한 빅데이터가 있으면 각 서점들은 어떤 분야의 책을 진열해야 하는지, 나아가 고객 개인마다 어떤 신간을 홍보해야 하는지 알 수 있다. 여담이지만 혼자서 여러 인터넷 사이트를 둘러보던 중 갑자기 탈모 광고가 나와서 깜짝 놀란 적이 있다. 직접 내 정보를 입력한 것도 아닌데 내가 자주 쓰는 검색어, 이용 시간, 클릭 광고 등을 분석해 내가 40대 중년 남성이고 외모에 신경 쓴다는 걸 구글이 알아차린 것이다. 그렇다. 이게 빅데이터의 위력이다.

인간의 지능으로는 빅데이터를 감당할 수 없다

데이터가 가진 잠재력을 현실로 이끌어내려면 어떤 능력이 필요할까? 첫째, 데이터를 읽을 줄 알아야 한다. 기온에 따른 아이스크림 판매량 데이터가 있다고 하자. 데이터를 읽는다는 것은 이 데이터를 그래프로 그리고 함수식을 찾는 것이다. 그리고 미분, 적분 등의 수학 도구들을 통해 목적에 맞게 씹고 뜯고 맛보고 즐기면 된다.

둘째, 데이터에서 필요한 정보와 불필요한 정보를 구별할 줄 알아야 한다. 불필요한 정보의 예로, 값이 비정상적으로 커서 데이터 전체에 실제보다 훨씬 큰 영향을 주는 '아웃라이어outlier'라는 게 있다. 예를 들어 어느 동네 평균 집값이 13.3억 원이라고 하자. 이것만 보고 '와! 이 동네 집들 엄청 비싸네. 그런데 이 집은 4억이라니, 정말 싸게 나왔군.'이라고 생각해 집을 덜컥 구입할 것인가? 실제로 각 집들의 매매가를 살펴보니 총 9채의 집이 각각 1억, 2억, 2억, 2억, 3억, 3억, 3억, 4억, 100억 원으로 밝혀졌다. 100억 원이라는 아웃라이어가 평균값 뒤에 숨어 있었던 것이다! 그래서 이 경우에는 평균이 아니라 중간값(데이터를 크기 순으로 나열했을 때 가운데 오는 값)인 3억 원을 데이터의 표준으로 삼아야 한다.

실제 데이터는 이보다 훨씬 더 크고 다양하고 복잡해서 인간이 다루기에 버겁다. 그래서 빅데이터에는 자연스럽게 인공지능이 따라붙는 것이다. 자율주행 자동차, 스마트홈, 로봇 비서 등은 모두 인공지능이 빅데이터를 끊임없이 처리하는 덕분에 겉보기에는 사람이 뭘 입력하지 않아도 알아서 척척 작동하는 것처럼 보인다.

출퇴근 때 자동차를 운전하는 대신 책을 읽거나 프레젠테이션 자료를 검토한다. 깜박하고 가스 불을 안 끄고 나왔거나 냉장고 문을 제대로 닫지 않고 외출해도 빈집이 알아서 가스 불을 끄고 냉장고 문을 닫는다. 로봇이 택배를 받아주고 아이들 숙제를 도와준다. 4차 산업혁명 시대의 일상은 이런 모습이다. 이 모든 것이 가능해지기 위해서는 컴퓨터가 이해할 수 있는 언어로 명령하고, 그 명령을 컴퓨터가 받아들이고 수행하는 데 걸리는 시간을 최소화하는 효율적인 알고리즘을 개발해야 한다.

인공지능 알고리즘의 예를 들어보겠다. 알파벳 26자 중 네 글자로 이루어진 단어를 유추해 맞추는 문제가 있다고 하자. 가장 먼저 생각할 수 있는 건 마구잡이로 알파벳을 조합해 만들어보고 그 단어가 맞는지 확인하는 것이다. 각 자리마다 26개의 알파벳이 들어갈 가능성이 있으므로 경우의 수는 26×26×26×26 = 456,976이다. 1분에 1개씩 무작위로 조합된 단어와 정답을 비교한다고 치면, 8시간만 잔다 해도 하루에 960개를 확인할 수 있으니까 이 모든 경우의 수를 살펴보려면 1년 내내 이 짓을 해도 시간이 모자라다.

그럼 조금 더 일을 효율적으로 하기 위해 알고리즘을 하나 짜보자. 각 자리에 알파벳 순서대로 글자를 묻는 알고리즘을 만든다. 먼저 첫 글자가 a인지 묻는다. 맞았다면 좋겠지만 틀렸다면 "그럼 b?"라고 다시 묻는다. 이번에 또 틀렸다면 "그럼 c?"라고 묻는다. 컴퓨터는 이렇게 알파벳을 하나하나 순서대로 대입한다. 만약 tear가 답이면 20+5+1+18 = 44번을 물어 답을 찾는다.

그런데 이것도 그렇게 효율적으로 보이지는 않는다. 옥스퍼드 영어사전 맨 마지막 단어는 곤충의 이름을 뜻하는 zyzzyva인데, 이 단어를 위의 알고리즘을 따라 찾으려고 하면 25+25+25+25+25+22+1

= 148번을 물어봐야 한다.* 다른 방법은 없을까?

인공지능과 빅데이터가 만나면 일이 훨씬 쉬워진다. 먼저 권위 있는 사전들에 등재되어 있는 단어들을 분석한다. 그리고 알파벳 사용 빈도수를 통계로 낸다. 그 결과를 정리한 것이 다음에 나오는 표다.

알파벳	등장 확률(%)	알파벳	등장 확률(%)
E	11.1607	M	3.0129
A	8.4966	H	3.0034
R	7.5809	G	2.4705
I	7.5448	B	2.072
O	7.1635	F	1.8121
T	6.9509	Y	1.7779
N	6.6544	W	1.2899
S	5.7351	K	1.1016
L	5.4893	V	1.0074
C	4.5388	X	0.2902
U	3.6308	Z	0.2722
D	3.3844	J	0.1965
P	3.1671	Q	0.1962

---

* 각 자리의 최대 질문 수는 25번이다. 마지막 질문이 "그럼 y?"인데 만약 여기에 아니라고 하면 자동으로 z가 되기 때문이다.

그다음엔 가능성이 50퍼센트인 그룹과 아닌 그룹으로 나눠 질문한다. 첫 질문은 "e, a, r, i, o, t, n 중에 있어?"가 된다.(이 7개 글자가 등장할 확률을 합치면 55%다.) 다음에는 e, a, r, i, o, t, n을 둘로 나눠 "e, a, r, i 중에 있어?"라고 묻는다.(7개 글자 중 이 4개 글자가 등장할 확률은 62%다.) 만약 정답이 tear라면 이런 식으로 16번만 물으면 된다.* 앞서 44번을 물었던 걸 생각하면 훨씬 효율적이다. 이처럼 무작위, 순차식 알고리즘과 비교했을 때, 빈도수 알고리즘은 흔한 단어에 먼저 접근하므로 빨리 정답을 맞힐 확률이 높다.

여기서 특히 중요한 건 이 알고리즘은 '모든 네 글자짜리 영어 단어의 알파벳별 빈도수'라는 빅데이터가 존재하기에 실현 가능하다는 점이다. 빅데이터 활용 유무에 따라 인공지능의 수행 능력은 현저하게 차이가 난다. 농장주가 입력한 시간에 정해진 양의 사료를 공급하는 농장 시스템보다, 빅데이터를 이용해 잘 먹어 살찐 소와 못 먹어 야윈 소를 구별해서 사료의 양을 조절하는 농장 시스템이 훨씬 더 효율적으로 자원을 관리하고 상품성 높은 소들을 생산한다는 말이다.

게다가 딥러닝 방식으로 학습하는 인공지능과 빅데이터와의 시너지는 엄청나다. 2016년 인간 대표 이세돌을 4 대 1로 이긴 알파고는 이

---

* 답이 tear라면 "e, a, r, i 중에 있어?"라고 했을 때 아니라고 대답할 것이다. 그다음엔 "o, t 중에 있어?"라고 묻는다. 여기에는 응. 마지막 질문은 "그럼 o야?" 여기에 아니라고 하면 자동적으로 t임을 알게 된다. 이런 식으로 각 자리마다 4번씩 물어서 총 16번 만에 답을 구할 수 있다.

제껏 바둑 대회에 나왔던, 셀 수 없을 만큼 많은 대국을 보고 익혔다. 사람으로 비유하면 '정신과 시간의 방'에서 수백 년 동안 쉬지 않고 프로 경기들을 분석하다가 세상 밖으로 나와서 고작 20년 경력이 전부인 인간 기사와 맞붙은 것이다. 당시에는 알파고의 승리에 모두 경악했지만 이렇게 보면 크게 놀라운 일도 아니다.

대국 중에는 알파고의 수에 의문을 제기했던 해설진도 알파고가 승리하고 나서야 그 의도를 깨달을 수 있었다고 고백했다. 이렇듯 딥러닝은 전문가들조차 구체적인 중간 과정을 모를 만큼 복잡하다. 그럼에도 불구하고 인공지능의 수행 능력과 결과물이 아주 훌륭하다는 건 분명한 사실이다. 따라서 앞으로 인공지능을 활용해 빅데이터가 가진 잠재력을 이끌어내는 직종이 떠오를 것이고, 그렇지 않은 직종은 현재 아무리 고급 인력 대우를 받고 있다고 해도 향후에는 철저히 도태될 것이다. 그리고 실제로 이런 일이 일어나고 있다.

미래는 수학으로 쓰였다

시대를 막론하고 사람이 살아가려면, 아니 살아남으려면 말이 통해야 한다. 아주 오랫동안 우리는 한자를 배워야 출세할 수 있었고, 한동안은 자의로 타의로 일본어를 익혀야 했다. 지금은 제1외국어로 지정된 영어를 배우는 데 한국어 공부보다 더 많은 시간을 할애하고 있다. 중국어, 스페인어, 아랍어 등 구매 잠재력이 큰 나라들의 언어를 배우는 사람도 늘고 있다.

이제 낯설면서도 익숙한 언어가 또다시 새로운 상용어로 부상하고 있다. 바로 수학이라는 언어다. 아직까지는 프로그램 코딩 등 일부 영역에서만 기능하고 있는 이 언어는 앞으로 기존 상용어들을 내몰거나, 적어도 그것들과 병존하게 될 것이다. 영어, 중국어, 한국어 같은 기존의 인간 언어와는 다소 상이하지만, 이것을 익히지 못해 새로운 언어 환경으로부터 도태되는 양상은 과거와 매우 비슷하다.

골드만삭스의 마틴 차베즈Martin R. Chavez 부사장은 장차 수학 원리가 투자를 주도할 것이라고 전망했다. 실제로 골드만삭스는 주식 매매에 쓰던 '언어 문법'을 자동 거래 알고리즘으로 대체했다. 그럼 이제는 구닥다리가 된, 기존 문법에 통달했던 트레이더들은 모두 어떻게 됐을까? 무려 99.7퍼센트가 해고됐다. 600명 중 2명밖에 살아남지 못한 것이다. 그 빈자리는 컴퓨터 인공지능과 엔지니어들 차지가 되었다. 억대 연봉으로 한때 많은 사람들이 선망했던 주식 트레이더는 이제 회사에서 철 지난 고물단지 취급을 받고 있다.

그럼 10년, 20년씩 공부해서 교수, 의사 같은 전문가가 되면 안전할까? 누군가는 실망스럽겠지만 사실을 고하자면 이쪽도 위태롭다. 한 예로 인기 직종 중 하나인 의사를 한번 보자. 의사가 되려면 의대생으로 6년간 공부해야 하고 이후 전문의가 되려면 인턴으로 1년, 레지던트로 4년, 펠로우로 2년 정도를 병원에서 밤낮없이 일해야 한다. 이것만 대충 계산해도 13년인데 여기에 남학생들 군대까지 다녀오면 '전문의'를 명함에 박기까지 대략 15년이 걸린다. 그런데 이렇게 시간, 돈, 노력을 쏟아부어 의사가 되어도 인공지능 의사에게 밀린다면?

실제로 IBM에서 개발한 왓슨 포 온콜로지Watson for Oncology(줄여서 '왓슨')라고, 암 진단에 특화된 인공지능이 있다. 왓슨은 최근 논문을 읽고 빠르게 지식을 업데이트할 수 있기 때문에 초음파, CT, MRI 같은 영상 자료를 분석해 매우 높은 정확도로 암을 진단해낸다. 아무리 세기의 명의라도 그날의 컨디션에 따라 실수를 할 수 있는데, 왓슨은 숙취도 없고 스트레스도 없고 아플 일도 없기 때문에 고용주인 병원 입장에서 매력적인 노동력이다. 물론 인간 의사를 완전히 대체할 수 있을지는 여전히 논쟁거리지만 어쨌든 힘든 수련 기간을 거치면 죽을 때까지 어느 정도 자리를 보전할 수 있었던 의사들도 이제는 잃어버린 역할을 채울 새 역할을 찾아내지 못하면 살아남을 수 없다.

다들 다른 나라에 가서 살고 싶다는 로망을 한 번쯤 가슴에 품은 적 있을 것이다. 그런데 정말로 다른 나라에서 살게 되었다면? 가장 시급히 갖춰야 할 능력은 바로 언어다. 영국이나 미국에 있는 학교에 진학하려면 영어를 잘해야 할 것이다. 마찬가지로 일본에 취직하려면 일본어를, 중국에서 사업을 하려면 중국어를 어느 정도 할 줄 알아야 할 것이다.

이런 맥락에서 "자연이란 책은 수학의 언어로 쓰였다."라는 뉴턴의 말을 빌려 나는 "미래는 수학의 언어로 쓰였다."라고 감히 말하고 싶다. 과학기술은 우리 삶 전방위로 침투해 있으며 단순히 편의를 제공하는 데 그치지 않고 사회 구조를 결정하고 우리의 욕망을 조작할 정도로 강력하다. 이런 시대에 판 전체를 읽고 변화의 패턴을 파악하기 위해, 그리고 그 변화에 능동적으로 대응하기 위해 수학이라는 언어를 미리 알고 있어야 한다. 한국어 외에는 할 줄 아는 언어가 전혀 없는 친구가 쌈박한 창업 아이템만 믿고 혈혈단신으로 외국에 간다고 하면 안 말릴 텐가? 말은 가서 배우겠다는 이 생각 없는 친구에게 적어도 인사말 정도는 배우고 가야지 않겠느냐고 말이다. 지금 수학을 공부해야 하는 이유도 비슷하다.

민간 기업에서는 이미 변화의 바람이 거세게 불어닥치고 있다. 예를 들어 2000년대 초만 해도 경영학, 경제학을 전공한 MBA 출신이 기업 중역이 되는 경우가 많았다. 미국 MBA는 미국뿐 아니라 세계적으로도 못 와서 안달이 난 곳이었고 비싼 학비에도 불구하고 정원이 꽉꽉 찼다. 그런데 요즘은 MBA 운영 규모가 축소되고 있고 정원이 미달된 곳도 속출하고 있다. 오히려 기업 CEO로 공학, 컴퓨터과학 등을 전공한 사람들이 기용되는 추세다.

월가로 간 수학자 제임스 사이먼스James H. Simons는 "내가 수학적 지식을 지녔기에 지금처럼 많은 부를 축적할 수 있었다."라고 말했다. 실제로 그는 투자 알고리즘을 개발해 세계 100대 부호가 되었다. 실리콘밸리로 가면 인터넷 익스플로러를 밀어내고 크롬을 제1의 웹 브라우저로 만든 순다르 피차이Sundar Pichai 구글 CEO, 마이크로소프트를 부흥시킨 사티아 나델라Satya Nadella MS CEO, 어도비를 PDF, 포토샵 만드는 회사에서 멀티미디어 소프트웨어 개발사로 확장시킨 샨타누 나라옌Shantanu Narayen 어도비 CEO가 있다. 이들은 모두 수학 강국인 인도 출신 공학자들이다. 이렇게 실리콘밸리를 지배하는 인도인들의 저력은 우수한 수학 실력에서 나온다고 알려져 있다.

솔직히 이렇게 멀리서 찾을 것도 없이 이 자리에서 자랑하고 싶은 동문들, 제자들이 한둘이 아니다. 하지만 여기선 내가 가장 자랑스러워하는 최고의 성과를 하나만 소개하려고 한다. 그건 바로 내 아내다.

수학으로 먹고사는 부부

그는 내 제자였다. 우연히 교회에서 만난 그는 당차고 자신감 있는 여학생이었다. 당시 대학생이었던 내게 못 푸는 문제가 있다며 예배 끝나고 찾아오는 게 만남의 시작이었다. 처음에 난 수학 잘하는 오빠 겸 선생님으로, 내 아내는 수학을 잘하고 싶은 동생이자 학생으로 만났다.

지금 생각해보면 정말 이상하리만큼 어려운 문제만 들고 왔는데 나중에 물어보니 나와 좀 더 오랫동안 이야기를 나누고 싶어서 그랬다고 한다. 하지만 당시 난 그 마음은 전혀 모르고 하나라도 더 알려주려고 열심이었다. 그렇게 시작된 인연은 점점 깊어졌고 아내가 대학에 입학한 후 자연스럽게 남녀 간 연애로 발전했다.

내 아내는 애머스트 대학교Amherst College에 입학해 경제학과 컴퓨터과학을 복수 전공했다. 그는 학교에서 A를 놓치지 않는 영리한 머리와 불의가 있으면 참지 못하는 정의감, 밤새 술을 마셔도 지치지 않은 체력까지 모두 갖춘 만능인인 데다 확실히 나보다 영어를 잘했기에 친구들 사이에서도 인기 만점이었다.

하지만 아무리 그래도 동양인 여자가 미국에서 취직하기란 정말 쉽지 않다. 기회의 땅 미국이라고 다들 부러워하지만 사실 이곳에도 '유리 천장'이 있다. 특히 한국 여자라면 한국과 거래하는 기업의 홍보 자리 외에 마땅히 취직할 곳이 없다. 하지만 자랑스럽게도 내 아내는 지금 보스턴 연방준비은행에서 선임 분석관으로 7년째 근무하고 있다. 당시 같이 입사한 동기들 중 여자 동양인은 5퍼센트에 불과하다. 그 좁은 바늘구멍을 뚫고 상사들의 인정을 받으며 백인 직원들에게 지시를 내리는 멋진 커리어우먼이 바로 내 아내다.

가끔 아내가 아이들을 일찍 재우고 와인이라도 하자고 조르는 날이 있다. 하지만 다음날 수업을 준비해야 해서 거절하면 입을 삐죽 내밀고 그렇게 가르쳐봤자 어차피 기억 안 난다고, 지금 난 오빠가 가르쳐 준 것 중 아무것도 기억이 안 난다며 놀린다. 그리고 유치하지만 솔직히 그런 말을 들으면 나도 가끔 삐질 때가 있다. 하지만 사실 우리 둘 다 안다. 수학이 우리를 먹여 살리고 있다는 걸. 실제로 내 아내는 엄청난 단위의 숫자들이 가득 차 있는 엑셀 스프레드시트를 보면 직감적으로 잘못된 데이터가 눈에 들어온다고 가끔 자랑하듯 말한다. 그리고 거길 자세히 들여다보면 여지없이 어떤 문제가 발견된다고. "어릴 때 오빠한테 수학을 배워서 그런가?" 이상한 점을 귀신같이 찾아내 팀 내에서 에이스로 불린다고 자랑스럽게 말하는 아내를 볼 때마다 난 속으로 외친다. '그래, 내가 이 맛에 수학을 가르치지!'

예를 들어 정상적인 은행 예금 성장 그래프가 있는데 갑자기 어떤 시기에 큰 폭으로 예금이 내렸다가 또 갑자기 큰 폭으로 올랐다고 해보자. 전체적으로 보면 빼고 더해서 결국 원래대로 돌아온 것이니 서류상으로는 큰 문제가 없어 보인다. 하지만 감독하는 입장에서는 뭔가 냄새가 나는 부분이다. 가령 내부적인 불법 자금의 입출입이 존재했을 수도 있다. 따라서 그런 데이터의 흐름을 목격했다면 그 시기에 무슨 일이 있었는지를 점검해보라고 상부에 보고할 수 있다. 이처럼 변화의 패턴을 파악하고 그 의미를 도출해내는 과정도 수학적 사고의 한 부분이다. 전통적으로 백인 남성이 지배적인 금융계에서 자기 할 일을 당당히 해내는 아내야말로 참된 수학 교육이 길러낸 인재 중 인재 아닐까?

차세대 문맹자를 양산하는 한국 교실

이처럼 가까운 미래의 우리가 새로운 '언어 문화권'에서 문맹이 되지 않기 위해서는 언어로서의 수학 교육 도입이 시급하다. 글을 읽지 못하고 말을 하지 못하면 어떻게 되는지는 자세히 설명하지 않아도 잘 알 것이다. 하지만 그 '언어로서의 수학'이란 게 구체적으로 뭔지 여기서 전부 보여주기는 힘들다. 아마 남은 지면을 수학 노트 필기로 가득 채워도 부족할 것이다. 대신 비교적 쉬운 예시 하나만 들어볼 겸 잠시 한국의 답답한 상황으로 되돌아가보자.

교과과정이 개편되면서 2014년에 고등학교에 입학한 학생부터 문이과를 막론하고 행렬을 배우지 않고 있다. 공대생조차도 행렬을 모른 채 전공을 배우게 된다는 말이다. 대체 왜? 이유를 알아보니 수능에 출제하기에 적절치 않은 주제라서 그렇단다. 하지만 행렬이야말로 4차 산업혁명 시대에 가장 중요한 주제 중 하나다. 빅데이터를 다룰 수 있는 강력한 도구이자, 특히 인공지능에 연산 수행을 시키는 수단이기 때문이다. 뿐만 아니라 요즘 물리학에서 가장 각광받는 주제인 양자역학을 공부하려면 이 행렬을 기초로 하는 선형대수학의 도사가 되야 한다. 말로만 해서는 와닿지 않을 테니 행렬이 현실에서 활용되는 모습을 그려보겠다.

스마트폰 제조업체 산성전자는 장기적으로 소비자의 구매 동향을 예측하기 위해 시장 분석을 수행했다. 조사 결과는 다음과 같다.

(1) 올해 스마트폰 시장 점유율은 산성전자가 60%, 경쟁 업체인 알칼리전자가 40%이다.

(2) 소비자들은 평균적으로 1년에 한 번씩 스마트폰을 새로 구매한다.

(3) 작년에 산성전자 폰을 사용했던 고객 중 70%는 올해도 다시 산성전자 폰을 구매했고 나머지 30%는 알칼리전자 폰으로 바꾸었다. 작년에 알칼리전자 폰을 사용했던 고객 중 90%는 올해도 다시 알칼리전자 폰을 사용했고 나머지 10%는 산성전자 폰으로 바꾸었다.

이 결과를 표로 만들면 다음과 같다.

	산성전자	알칼리전자
현재 점유율	0.6	0.4

〈현재 점유율〉

전년 / 금년	산성전자	알칼리전자
산성전자	0.7	0.3
알칼리전자	0.1	0.9

〈전년 대비 브랜드 이동 비율〉

이 표를 행렬로 표현하면 다음과 같다.

$$(0.6 \quad 0.4) \begin{pmatrix} 0.7 & 0.3 \\ 0.1 & 0.9 \end{pmatrix}$$

내년에도 브랜드 이동 비율이 올해와 같을 것이라고 가정하고 이 두 행렬을 곱함으로써 내년 시장 점유율을 예측할 수 있다. 어째서 표끼리 이런 계산을 할 수 있고 어떻게 곱하는 건지는 행렬을 공부해보면 금방 알 수 있다.* 일단은 나를 컴퓨터라고 생각하고 계산을 맡겨라.

$$(0.6 \quad 0.4) \times \begin{pmatrix} 0.7 & 0.3 \\ 0.1 & 0.9 \end{pmatrix} = (0.46 \quad 0.54)$$

계산 결과에 따르면 내년 시장 점유율은 산성전자가 46%, 알칼리전자가 54%가 된다. 더 중요한 점은 당장 내년이 아니라 10년 후의 시장 점유율도 구할 수 있다는 것이다. 브랜드 이동 비율 표를 10번 곱하면 된다. 매년 브랜드 이동 비율이 계속 현 상태로 지속된다면 10년 후에는 산성전자가 25.2%, 알칼리전자가 74.8%의 점유율을 갖게 된다. 이런 계산을 통해 미래의 수요를 정확히 예측해서 공급 부족으로 물건을 못 팔거나 과잉으로 재고가 쌓이는 일을 막을 수 있다.

여기서 질문 하나. 만약 맨 처음 시장 점유율이 더 크게 차이나면

---

* 행렬의 곱셈은 다음과 같이 이뤄진다.

$$A = \begin{pmatrix} a_{11} & a_{12} \\ a_{21} & a_{22} \end{pmatrix},\ B = \begin{pmatrix} b_{11} & b_{12} \\ b_{21} & b_{22} \end{pmatrix} \Rightarrow A \times B = \begin{pmatrix} a_{11} \times b_{11} + a_{12} \times b_{21} & a_{11} \times b_{12} + a_{12} \times b_{22} \\ a_{21} \times b_{11} + a_{22} \times b_{21} & a_{21} \times b_{12} + a_{22} \times b_{22} \end{pmatrix}$$

10년 후 상황이 달라질까? 예를 들어 산성전자 점유율이 80%, 알칼리전자 점유율이 20%라면? 계산해보니 흥미롭게도 산성전자가 25.3%, 알칼리전자 74.7%로 거의 비슷하다. 당장의 시장 점유율은 큰 의미가 없다는 말이다. 매년 자사 제품을 사주는 충성 고객을 얼마나 많이 확보하는지에 따라 최종적인 시장 점유율이 결정된다. 이 사실을 아는 기업들은 자사 고객을 유지하고 신규 고객을 유치하기 위해 적극적인 마케팅 전략을 세움으로써 시장에서 우위를 점할 수 있다. 특히 산성전자는 현재 점유율에서 앞선다고 방심하지 말고 발빠르게 대응할 필요가 있다.

이 예시에 나온 작업은 인간도 충분히 수행할 수 있다. 하지만 실제 세상에서는 경쟁하는 기업이 산성전자와 알칼리전자만이 아닐 것이다. 몇몇 대기업이 경쟁할 수도 있고, 업종에 따라서는 수십 개의 기업들이 춘추전국시대를 이루고 있을 수도 있다. 이 경우 표(행렬)는 각각 수십 개의 행과 열을 가진 무시무시한 모습을 하게 된다. 또 더욱 정밀한 결과 예측을 위해서는 현재 점유율과 브랜드 이동 비율뿐만 아니라 훨씬 더 다양한 정보를 알아야 할 것이다. 이 경우 곱셈을 수행해야 하는 표의 가짓수도 늘어난다. 전부 수만 개에 달하는 수치들은 또 어떻게 정확히 조사할 것인가? 조사원이 직접 두 발로 돌아다니며 알아내기란 사실상 불가능하다. 대신 판매처마다 실시간으로 클라우드에 저장되는 방대한 판매 현황 데이터를 이용하면 문제가 해결된다.

아직 끝나지 않았다. 날것에 불과한 빅데이터 속에서 어떻게 우리가 원하는 정보인 현재 시장 점유율, 브랜드 이동 비율만을 끄집어낼 것인가? 또 어떤 목적으로 어떤 결과를 살펴보기 위해 어떤 행렬들로 곱셈식을 짤 것인가? 또 수많은 수치들을 다 어떻게 곱할 것인가? 그렇게 얻은 결과 속에서 어떤 유의미한 결론을 내릴 것인가? 이런 지적 판단과 복잡한 계산을 모두 해주는 게 뭐라고? 그렇다. 바로 인공지능이다. 4차 산업혁명 시대에 우리가 사용할 높은 수준의 인공지능에 비하면 지금의 컴퓨터는 그저 발전된 형태의 주판에 불과하다.

인공지능을 위한 프로그램을 만들려면 어떻게 유의미한 데이터를 추출해 최적의 행렬을 구성할지, 그리고 이 행렬들을 어떤 연산 속에 어떤 순서로 어떻게 조립할지를 고민해야 한다. 이제 인공지능이라는 화려한 미래 기술 속 행렬의 의미가 보이는가? 그런데 시험 변별력이 없어서 또는 사교육 부담을 줄이려고 행렬을 뺀다는 건 빈대 잡으려다 초가삼간 다 태우는 것과 다름없다. 결국 이렇게 세상이 급변하는데도 한국 학교에서는 여전히 시험을 위한 수학 이상의 것을 가르치지 못한다는 이야기다.

내일을 위한 필수 언어, 수학

세계적 베스트셀러 『사피엔스』의 저자 유발 하라리Yuval Harari는 4차 산업혁명으로 인해 무용useless 계급이 출현할 것이라고 예견했다. 그런데 이런 상황에서도 우리 아이들은 수학 성적이 좋으니까 괜찮겠지 하는 안일한 생각은 쓰나미가 밀려오는데 우리 아이들이 수영을 잘하니까 괜찮을 것이라는 생각과 같다. 쓰나미 앞에서는 올림픽 금메달리스트 박태환이라도 살아남지 못할 테니 말이다. 따라서 수영해서 버틸 생각 말고 다른 대책을 강구해봐야 한다. 그 대책이 무엇인지는 완전히 제시해줄 수 없지만, 적어도 제대로 된 수학 공부가 필수 조건이라는 건 분명하다.

거창하게 '최첨단 수학'까지 갈 것도 없다. 앞서 얘기한 행렬만 보더라도 4차 산업혁명 시대에 배워야 할 수학이 무엇인지 알 수 있다. 지금 학교에서 가르쳐야 할 수학도 이런 수학을 중심으로 재편되어야 한다. 문제를 잘 풀어서 높은 내신 등급과 수능 점수를 받아 명문대에 들어간들 원하는 일을 하기 어렵고 가고 싶은 기업에 취직하기 힘든 게 현실이다. 더 직설적으로 말하자면 고학력 백수가 점점 많아졌으며 당신의 자녀도 예외가 아니다.

그래서 우리나라 새 교육과정의 변화가 더욱 아쉽게 다가온다. 앞으로 꼭 필요할 수학 개념들을, 출제하기에 마땅치 않다거나 변별력이 없다는 이유로 없애고, 지난 50~60년 동안 배워온 전통적인 입시 수학의 틀을 고수하고 있는 것이 현재 우리 상황이다. 과학적인 문자 한글 덕분에 문맹률이 낮기로 유명한 우리나라가 미래의 문맹률을 급속도로 높이고 있는 것이다. 이제는 입시 수학이 아니라 언어로서의 수학 공부를 시작해야 한다.

그런 의미에서 앞서 하다 만 나의 하버드 이야기를 자세하게 들려주겠다. "예스, 노"밖에 못하던 내가 결국 미국에서 빛을 발할 수 있었던 것은, 일찍이 수학을 언어로 여겨온 이곳 사회 분위기 덕분이라고 할 수 있다. 영어를 못했음에도 나는 이곳에서 유창한 언어 실력을 뽐냈고 지금은 아예 '언어 전문가'로 살고 있다. 앞으로 들려줄 나의 경험담 속에 여러분이 시작해야 할 수학 공부의 이정표가 들어 있으니 잘 들어주면 감사하겠다.

2부

나의 하버드 수학 시간

4

내가 간다 하버드

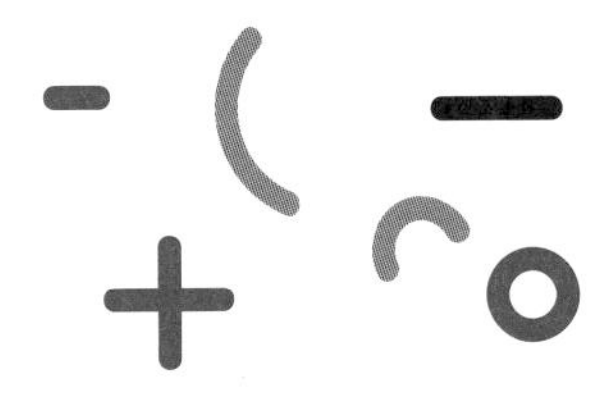

타고난 TMI 본능

맥도날드에서 너겟을 시켜놓고 "무슨 소스 줄까?"라고 묻는 질문에 "예스, 노"만 계속 반복하던 정말 바보 같은 나였다. 하지만 나는 원래 말도 많고 남에게 설명하기도 좋아해 굳이 따지면 외향인에 속하는 사람이었다. 시장 만담꾼처럼 주말에 본 영화부터 어제 본 뉴스까지 나만의 언어로 찰지게 설명하는 재주가 있어 학교에서 꽤 인기가 있었다. 어떤 선생님은 앞에 나와서 얘기를 하라고 아예 멍석을 깔아주기도 했다. 덕분에 지금의 천직을 찾은 걸지도 모른다.

하지만 내가 자란 70년대 한국 사회에서 남자가 말이 많다는 건 그렇게 칭찬받을 만한 점은 아니었다. 모름지기 남자란 입이 무겁고 의젓해야 하며 말보다 행동으로 보여줘야 한다고 거의 세뇌에 가까운 교육을 받던 시절이었다. 공부를 좀 잘해서 덜 혼났을 뿐이지 공부라도 못했으면 아마 남자애가 뭐 이리 수다스럽고 정신 사납냐고 꿀밤 맞고 다녔을지도 모를 일이다.

TMI Too Much Information 본능은 지금까지도 발동해 때로 주변 사람들이 괴로워하기도 한다. 특히 수학 관련 이야기가 나오면 마치 내 머릿속에 어떤 스위치가 켜진 것처럼 아무리 피곤하고 지쳐 있어도 갑자기 시야가 또렷해지고 상대에 대한 호감은 극대화되며 온몸에서 아드레날린이 솟구치는 듯한 느낌을 받는다. 오죽하면 부부 동반 모임이나 지역 한인 모임에 나갈 때 우리 아내가 사람들에게 "수학 이야기 금지!"라고 단단히 못을 박을 정도다. 이야기가 시작되면 자기가 먼저 운전해 집에 가버려도 모를 사람이 바로 나라서 그렇단다.

하지만 그때 내가 주변 사람들의 시선을 의식해서 말하기를 멈췄다면 지금의 나는 없었을 것이다. 그리고 나는 내 TMI 본능을 아주 자랑스럽게 생각한다. 그것이 바로 나를 하버드로 이끌어준 원동력이라고 믿기 때문이다.

잠깐, 하버드라고?

이 지점에서 '응? 삼수생이 하버드라고?' 하고 고개를 갸우뚱거리는 분들이 있을 거다. 한국 입시판에서 세 번의 실패 끝에 군대로, 그리고 미국으로 도피한 사람이 무슨 하버드란 말인가 하고 말이다. 이해한다. 처음 이 소식을 들은 우리 부모님마저 반신반의하셨으니까.

사실 나의 지난 인생을 되돌아보면 하버드는 꿈 같은 이야기가 맞다. 잠시 2001년으로 돌아가보겠다. 당시 난 대학교를 졸업하고 보스턴으로 이주했다. 그리고 재벌이 되겠다는 장밋빛 희망을 품고 친구와 함께 아시아 덮밥을 파는 퓨전 레스토랑을 시작했다. 처음에는 지역 신문에 나올 정도로 인기가 있었지만 결국 2년을 채 못 버티고 문을 닫았다. 그 뒤에는 회사에 취직했는데 몇 년이 지나도 원하는 자리가 나지 않았다. 일은 잘 안 풀리고 먹고는 살아야 해서 2006년부터 아이들에게 수학을 가르치기 시작했는데, 오히려 부업처럼 시작한 이 일이 반응이 괜찮았다. 그러다 2008년부터 아는 교수님 소개로 유학원에서 아이들에게 수학을 가르치게 됐다.

기억하는 분도 있겠지만 2000년대 한국에는 미국 조기 유학 붐이 불던 시기였다. 그중에서도 보스턴은 정말 집에 돈이 많지 않으면 올 수 없는 곳이었다. 세면대 수도꼭지를 수리하려면 최소 150달러, 그러니까 18만 원은 줘야 할 정도로 물가가 살인적인 수준이었다. 이런 보스턴에 유학을 온다? 그렇다면 십중팔구 일류 기업 임직원, 유명 로펌 파트너 변호사, 대학교수, 기업 대표의 자녀들일 확률이 아주 높다. 제주도에서 조랑말 정도를 타본 게 전부인 내게 자기 말이라고 사진을 보여주는 아이도 있었고, 보스턴에서 부자들이 모여 있는 동네인 뉴베리 스트리트에 자기 콘도가 있는 학생도 있었다. 정말, 장난이 아니었다.

그리고 그 애들은 이미 한국에서 어릴 적부터 영어, 수학은 물론이고 발레, 플루트 등 예체능까지 웬만한 과외, 학원은 다 경험해본 사교육 '프로'들이었다. 이들은 도망치듯 한국을 떠난 나와 달리 학업 성적도 전국구 수준이었다. 그러다 보니 새로운 선생님을 맞이하는 교실 안에는 약간의 과장을 더해 전운을 방불케 하는 팽팽한 긴장감이 감돈다. 선생님은 아이들을 가르치지만 동시에 아이들의 평가를 받는다. 어설프게 했다간 도리어 아이들의 냉대 속에서 쓸쓸하게 퇴장해야 한다. 원장 선생님과 학부모들의 질타는 보너스다. 그런 냉혹한 현실에서 살아남기 위해 나는 최선을 다했다.

나는 처음에 시급 5만원짜리 땜방 강사였다. 맡은 과목은 SAT 수학. 첫날 첫 수업 학생 수는 고작 6명이었다. 솔직히 그날 무슨 이야기를 했는지는 구체적으로 기억나지 않는다. 다만 교실 문을 처음 열었을 때의 긴장감은 사라지고 어느 순간부터 수업을 즐기기 시작했다는 것, 그것만큼은 분명하다. 낯선 미국 땅에서 오랫동안 잃어버렸던 TMI 유전자가 드디어 활동을 개시한 것이다.

이해를 못 하고 멀뚱거리는 아이들에게 "자, 다시 설명한다. 잘 들어!"라고 말한들 아이들이 두 번째 설명을 알아듣는 건 아니다. 설명의 수준을 바꾸거나 다른 예를 들거나 선행되는 개념들 중 구멍은 없는지 등을 섬세하게 체크해서 진도를 나가야 한다. 나는 타고난 TMI 본능 덕분에 애들에게 같은 내용을 두 가지, 네 가지, 열 가지 방식으로 설명해주더라도 지치지 않았다. 자발적으로 나를 찾아오는 아이들을 뿌리칠 수 없어서 나는 수업이 끝난 후에도 가장 늦게까지 남아 아이들의 질문을 받고 보충 수업을 해주곤 했다. 때론 8시간 이상 강의가 이어지기도 했지만 워낙 가르치는 걸 좋아해서인지 목이 쉬지도, 피곤하지도 않았다.

그렇게 3~4년이 흘렀다. 우연히 시작한 학원 강사 일은 생각보다 너무 적성에 잘 맞았다. 운 좋게도 수학을 잘 가르치는 선생에 대한 수요가 크던 때라 노력하는 만큼 결과가 나와 재미도 있었다. 어느새 나는 보스턴 유명 학원들 사이에서 인기 강사가 되어 있었다. 자기 학원의 VIP 학생을 가르쳐 달라며 백지수표부터 들이미는 원장도 있었다. 뿐만 아니라 함께 독립해서 학원을 차리자는 식으로 일종의 스카우트 제의를 받기도 했다.

내 강사 생활은 지금 이 글을 쓰고 있는 2019년까지 단 한 해도 거꾸로 간 적이 없다. 매년 학생 수는 늘었다. 한 번 강의에 받는 돈은 수십만 원으로 뛰었다. 유명 커피 제조 업체 3세, 우리나라 최고의 양조 회사 3세, 대형 로펌 파트너 변호사 아들, 병원장 자녀 등 정말 이름만 대면 알 만한 유명인들의 자녀 혹은 손주도 수학을 배우러 내게 왔다.

한동안은 분위기에 취해 하루 온종일 상담하고 준비하고 강의하는 살인적인 일정을 힘들이지 않고 모두 소화했다. 칭찬은 고래를 춤추게 한다는 말마따나 나는 돈과 인기에 취해 폭주하는 기관차 같았다. 그런데 시간이 흐르면서 몸도 마음도 조금씩 지치기 시작했다. 늘 가르쳐 오던 대로 같은 내용을 반복하다 보니 매너리즘에 빠진 것이다. 학생들 하나하나에게 열성적으로 수학을 가르치던 초심은 사라지고 어느 순간부터 최선을 다하기보다는 중간만 하자는 생각이 들기 시작했다. 게다가 학교를 떠난 지 10년이 훌쩍 지난 상태에서 내 수학 실력을 업그레이드할 시간은 없다 보니 수학이라는 내 우물물이 바닥을 보이기 시작한 것 같은 불안감도 커졌다.

하지만 회의감을 느끼게 된 가장 결정적인 이유는 따로 있었다. 내 명성을 듣고 나를 찾아왔던 그 많은 학생들과 학부모들도 결국에는 좋은 대학에서 교육학을 전공한 고스펙 강사에게 옮겨갔다. 솔직히 당시 보스턴 사교육 시장에서 내 학벌과 경력은 별 볼일 없는 수준이었다. 하버드를 포함한 아이비리그나 MIT 출신 선생님들이 정말 수두룩했다. 그중에는 교육학으로 학위를 받은 사람들도 있었다. 더 큰 발전을 위한 원동력이 필요했다. 그때 처음으로 대학원에 가서 공부를 더 해야겠다고 생각했다.

일단 가겠노라고 다짐하고 보니 장점이 많았다. 우선 미국 매사추세츠주의 경우 교육학 석사 학위가 있으면 학교 교사가 될 수 있다. 특히 사립학교 교사가 될 경우에는 아주 매력적인 복지 혜택을 누릴 수 있다. 미국 사립 중고등학교 학비는 상상을 초월한다. 1년 학비와 기숙사비를 합치면 5,000~6,000만 원에 이른다. 이 정도면 한국 학부모처럼 적금을 깨야 할 판이다. 그런데 교직원 자녀는 학비를 대부분 면제받을 수 있다. 내 아이 둘을 사립학교에 보내면 1년에 1억 원의 학비를 지원받는 셈이다. 꼭 이렇게 내 아이들과 직업을 돈으로 치환해서 생각하기는 싫지만, 그래도 매력적인 건 어쩔 수 없다.

처음에는 나도 분수에 넘치는 도전이라고 생각했다. 충분히 먹고살 만한데 굳이 학교를 또 가느냐는 말도 들었다. 한 반년은 고민을 했던 것 같다. 살면서 원하는 학교, 원하는 직장에 한 번에 붙어본 적 없다는 트라우마도 발목을 잡았다. 하지만 수많은 현인들이 고민하느라 시간을 허비하느니 실패하더라도 도전하는 게 낫다고 조언하지 않던가. 결심을 하고 나니 기왕이면 좋은 곳에 가고 싶었다. 마침 보스턴에 살고 있다 보니 하버드 캠퍼스가 가까웠다.

보스턴에서 하버드 브리지를 건너면 MIT 건물들이 양옆으로 보인다. 케임브리지 시청을 지나 더 안쪽으로 들어가면 하버드 캠퍼스가 보인다. 유명한 랜드마크인 하버드 스퀘어를 지나 북쪽 하버드 로스쿨까지 캠퍼스와 기숙사 등이 수없이 늘어서 있다. 관광객이 재학생보다 더 많아서 가끔 불편하겠다는 생각도 들었지만 그래도 이런 학교 학생이라는 자부심을 나도 느껴보고 싶었다.

나는 그렇게 겁도 없이 하버드에 담당자를 만나러 갔다.

금요일 오후의 기적

하버드 대학원 입학 상담을 맡고 있는 수전 켄들은 참 친절했다. 처음에 나는 하버드 교육대학원에서 운영하는 1년짜리 석사 프로그램인 TEP Teacher's Education Program에 들어가고 싶었다. 그래서 수전에게 학비는 얼마고 시간은 얼마나 드는지, 수업과 실습은 어떤 식으로 진행되는지 등에 대해 하나하나 물었다. 그런데 그의 설명을 듣다 보니 내가 생각했던 것보다 훨씬 더 강도가 높았다. 수전은 11개월 동안 완전 풀타임으로 최선을 다하지 않으면 이 프로그램을 마치기 어려울 거라고 연신 강조했다.

하지만 당시 내 상황은 그렇게 녹록하지 않았다. 아내는 막 직장을 옮긴 상황이었고 둘째를 임신하고 있었기에 내가 일을 완전히 쉬면서 공부만 할 수는 없었다. 나는 크게 낙담했다. 어렵게 결정해 여기까지 왔는데 정녕 방법이 없는 것일까? 그런 내게 수전이 익스텐션 스쿨에 있는 대학원 과정을 알려줬다. 파트타임 대학원 과정이라 일을 계속하면서 공부도 할 수 있고 성적이 우수한 학생들은 TEP 학생들과 함께 교육대학원에서 수업을 들을 수 있다고 했다. 학교 선생님이 되는 데 필요한 석사 학위도 주고 학비도 몇 년에 걸쳐 나눠 내는 구조라 주경야독에 안성맞춤이었다. 그래서 입학 필수 과목을 수강해 필요한 점수를 딴 후 면접을 봤다.

그날은 누구라도 너그러워지는 금요일 오후였다. 유난히 날씨도 좋아서 특히 번잡했던 그날, 관광객들 사이에 끼어서 헤매느라 면접 시간에 겨우 도착한 나는 학교 앞 스타벅스에서 익스텐션 스쿨의 수학 교육 석사 프로그램을 책임지고 있는 엥글워드 교수를 만났다. 그는 적당한 키에 톰 크루즈를 닮은 잘 생긴 미국인이었다. 미리 자리에 앉아서 날 기다리고 있던 그는 내가 들어오자 자리에서 일어나 반갑게 맞아주었다. 나도 활짝 웃으며 악수를 했지만 면접 특유의 긴장감은 떨칠 수 없었다.

자리에 앉자 그가 나의 경력과 배경을 물었다. 지원자 대부분이 미국 현직 교사들이었던 터라 학교 울타리 밖에서 아이들을 가르쳐온 내 경력을 흥미롭게 받아들였다. 특히 '어떻게 다양한 수준의 학생들에게 최대한의 맞춤형 교육을 제공할 수 있을까?'라는 문제가 하버드의 큰 고민 중 하나라고 하길래 학원에서 여러 학생들을 가르쳐온 내 경력을 강조했다. 그리고 내가 얼마나 정성스레 한 명 한 명을 돌봐왔는지 이야기를 쏟아냈다.

그는 내가 신나게 내뱉는 말을 끊지 않고 묵묵히 듣더니 이번에는 한국에 대해 먼저 이야기를 꺼냈다. 내가 '수학 강국'으로 정평이 나 있는 한국에서(그가 그렇게 알고 있어서 참 다행이었다.) 수학을 배웠다는 사실에 큰 관심을 가졌다. 그는 한국의 우주 산업에 대해 나보다 더 잘 알고 있었다. 당시 우리나라가 쏘아올렸던 천리안 위성을 언급하면서, 식민 지배와 전쟁으로 쑥대밭이 된 이 작은 나라가 반세기 만에 인공위성까지 보유하게 된 것이 바로 수학 교육의 힘이라고 생각한다 말했다. 이에 내가 대답했다.

"하지만 단기간에 성취를 이루느라 기초가 탄탄하지 못한 건 아쉬운 점이죠. 수학 교육에서도 마찬가지고요."

"자세히 설명해줄래요?"

"아시다시피 수학은 본래 정의definition의 학문입니다. 그래서 삼각형을 배운다면 삼각형의 정의를, 원을 배운다면 원의 정의를 아는 게 기본이죠."

"그런데 실제로는 다르게 배우나 보죠?"

"예를 들어 중학교 때 이차함수를 배우지만 이차함수가 왜 포물선 형태의 그래프를 가질 수밖에 없는지, 또 포물선에서 꼭지점은 뭘 의미하는지 물어보면 대부분 대답을 못 합니다. '포물선은 한 평면상의 한 직선과, 그 직선 위에 있지 않은 한 점으로부터 같은 거리에 있는 점들의 집합이다.'라는 사실을 모르고 포물선 그래프를 그린다는 말이죠."

내친 김에 나는 가방에서 종이를 꺼내 포물선의 정의로부터 시작해 포물선 모양의 그래프로 표현되는 이차함수의 기본 식을 도출했다. 한참을 종이에 쓰고 나서야 '아뿔싸! 나도 모르게 TMI 본능이 발동했구나. 상대방이 지루해하면 어떡하지?' 하는 생각이 들었다. 나는 잠시 쓰기를 멈추고 슬며시 엥글워드 교수의 표정을 살폈다.

"죄송합니다. 너무 제 얘기만 했죠?"

"전혀요. 재밌는 걸요."

그는 웃으며 말을 이었다.

"그럼 포물선 그래프는 특별히 왜 중요하나요?"

"단 하나의 최댓값이나 최솟값을 구할 수 있으니까요."

"최댓값, 최솟값을 구하는 건 왜 중요하죠?"

이때다 싶어 결정타를 날렸다.

"예를 들어 1960년대 NASA의 유인 우주선 프로젝트를 생각해봅시다. 임무를 마치고 지구로 귀환하는 우주선이 지구 대기권을 뚫고 들어올 때 공기 마찰이 발생해 내부 온도가 높아지게 됩니다. 그렇죠?"

"네. 그렇죠."

"그래서 온도가 얼마나 높아질지 예측하는 일이 무엇보다 중요했습니다. 그건 이 프로젝트를 애당초 시작할 수 있을지 없을지를 결정했을 테니까요. 만약 온도가 아무리 높아도 2,000도까지만 올라갈 것이라는 결과를 수학적으로 얻을 수 있다면 그 프로젝트는 그 온도를 기준으로 준비할 수 있습니다. 하지만 얼마나 뜨거워질지 모른다면? 우주선, 우주복의 외장 재료를 만드는 데 쓸 수 있는 자원이 한정돼 있는 상황에서, 준비에 대한 기준이 없다면 프로젝트는 아예 시작할 수 없습니다. 단순히 '넉넉히 준비하면 된다.'라는 정성적 기준이 아니라 '정확히 몇 도 이상을 버틸 수 있도록 준비해야 한다.'라는 정량적 기준을 얻기 위해서라도 수학을 반드시 알아야 합니다."

"맞습니다. 안 그래도 NASA에 예산을 책정하는 일이 매년 논쟁거리가 되니까요."

더 나아가 그간 학생들에게 가르친 방식대로, 이차함수의 꼭지점을 근의 공식을 이용해 쉽게 구하는 방법과 최댓값, 최솟값이 갖는 의미를 미분 개념과 연결해 함께 설명했다. 그는 단 한순간도 지루해하지 않고 끝까지 필기하며 내 설명을 들었다. 그가 또 질문했다.

"그런데 NASA 프로젝트 같은 복잡한 문제를 고작 이차함수로 표현 가능한지부터 따져야 하지 않을까요?"

나는 더 깊게 설명했다. 1장에서 복잡한 그래프라도 일부분을 직선으로 해석하는 선형근사법에 대해 설명한 바 있다. 마찬가지로 그래프를 포물선으로 근사하는 방법도 있다. 우리가 고려해야 할 조건, 즉 기온, 기압, 재질의 내열도 등의 범위가 어느 정도 한정돼 있기 때문에 이렇게 부분적으로 다룰 수 있다.

하버드에서 정수론으로 박사 학위를 받은 엥글워드 교수의 표정은 내가 가르친 학생들의 표정과 같았다. 한 가지 다른 점이 있다면 학생들이 결국에는 고스펙 강사를 찾아 내게 등을 돌렸던 반면, 그는 명함을 건네며 다음을 기약했다는 것이다. 우리 식으로 말하자면 1차 면접에서 그날 바로 합격한 것이다.

하버드는 지금이 아니라 미래의 당신을 뽑는다

하버드대 익스텐션 스쿨에 입학하려면 학교 측에서 요구하는 시험에 통과하고 입학 선수 과목들을 일정 점수 이상으로 수료해야 한다. 하지만 이런 요건을 갖춘 다음부터는 면접이나 자기소개서, 추천서 등이 절대적으로 중요하다. 특히 내가 지원한 프로그램에서는 인내와 포용, 그리고 아는 것을 잘 전달하는 능력을 중요하게 생각한다. 이렇게 다각도로 인재를 고르는 이유는 하버드가 생각하는 선생의 최고 자질이 바로 인성이기 때문이다. 내 경우도 돌이켜보면 최종 면접에서는 인성 위주로 평가되었던 것 같다.

엥글워드 교수의 방에서 두 번째 만남을 가졌을 땐 좀 더 개인적인 얘기를 많이 했다. 적지 않은 나이에 지원하는 처지인지라 그가 사는 동네를 잘 안다고 너스레를 떨기도 하면서 잘 보이려 애썼다. 그런데 그는 내게 다짜고짜 결혼은 했는지, 아이는 몇 명인지, 시간이 날 때는 아이들과 주로 뭘 하는지 등 사적인 질문을 쏟아내는 것 아닌가. 수학 교육에 대한 나만의 철학이나 방법론 등을 잔뜩 준비해왔는데, 당황스러웠지만 성실하게 대답했다. 그랬더니 그가 매우 만족스러운 표정을 지었다. 이거, 뭐가 어떻게 돌아가는 거지.

나중에 들어보니, 그의 아들 하나가 자폐증이 심했다고 한다. 부모의 헌신적인 노력 덕분에 일반 학교를 다닐 수 있을 정도로 아들의 상태가 호전되기는 했지만, 그는 어려웠던 그 시기를 잊지 못한다고 했다. 그래서인지 내 딸이 서너 살 때 새벽마다 깨서 놀이터에 가자고 조르면 초겨울 서리에 젖은 그네와 미끄럼틀을 닦아주려고 큰 수건을 들고 나가 함께 놀아줬다는 얘기를 하는데, 꽤 인상 깊었나 보다. 가르치는 아이들도 날 좋아할 것 같다고 칭찬해주기도 했다. 앞선 전형을 통해 내 실력을 검증했다고 믿은 엥글워드 교수는 내가 아이들을 대할 때 얼마나 진심을 다하는지가 궁금했던 것이다.

그뿐만이 아니다. 입학 후 내게는 단짝이 된 친구, 샘(가명)과 팀(가명)이 있었다. 우리 셋은 잠자는 시간 빼고 밥도 같이 먹고 과제도 같이 하고, 말 그대로 거의 매일 붙어 있었다.(오죽하면 단골 식당 아주머니가 우리를 '삼총사'라고 불렀겠는가.) 그러던 어느 날 나는 깨달았다. 강의실에서든 카페테리아에서든 팀은 언제나 우리 무리의 가장 왼쪽에 앉는다는 것을. 어쩌다가 오른쪽에 앉게 되면 다시 일어서서 맨 왼쪽으로 옮겨 앉았다. 좀 이상해서 생각 없이 물어봤다.

"팀, 너는 왜 꼭 왼쪽에만 앉는 거야?"

잠깐의 적막이 흐른 후 팀이 멋쩍은 미소를 지으며 대답했다.

"실은 내 왼쪽 귀가 안 들려."

그 대답을 듣는 순간 어찌나 당혹스럽던지. 잠시 내가 얼어붙은 사이 샘이 센스 있게 대화에 끼어들었다.

"그래? 난 오른팔이 왼팔보다 훨씬 더 긴데. 봐봐."

우리가 미안해하는 걸 눈치챈 팀은 그동안 하지 않았던 얘기를 들려줬다. 그는 어릴 적에 호수에서 물놀이를 하다가 심한 중이염에 걸렸는데 치료가 잘못돼서 왼쪽 청각을 완전히 잃어버렸다. 텍사스에서 소를 수백 마리 키우는 부잣집 아들로 태어나 부족함 없이 자란 그였지만, 이건 돈으로도 어찌 할 수 없는 상황이었다. 팀은 어린 나이에 우울증에 걸려 매일 밤을 울며 지냈다고 했다.

팀의 부모님은 그런 아들을 무한정 감싸고 돌거나 다그치지 않았다. 대신 그를 장애 아동 복지 센터로 데리고 갔다. 억지로 끌려간 그곳에서 팀은 다리를 잃은 아이, 시력을 잃은 아이, 중증 소아마비를 앓는 아이 등 자신의 장애는 아무것도 아닐 만큼 힘든 장애를 가진 아이들을 만났다. 그리고 그들이 자신의 처지를 탓하지 않고 오히려 부족함을 이겨내고 열심히 살아가려는 걸 보고 마음을 다잡기로 결심했다. 그의 아버지는 팀에게 이렇게 말했다.

"팀, 너의 청각을 되찾을 방법만 있다면 난 모든 소를 다 팔아서라도 널 고쳐줄 거야. 하지만 현대 의학으로는 할 수 있는 것이 아무것도 없구나. 그렇다고 네가 용기와 희망을 잃지는 않았으면 좋겠다. 이 아이들을 보렴. 너도 충분히 이겨낼 수 있단다."

팀은 그 후로 자신의 부족을 불평하지 않고 항상 감사한 마음으로 살아왔다고 했다. 그리고 이 이야기를 하버드대 학부에 지원할 때 자기소개서에 썼단다. 가르치는 사람으로서 치명적일 수도 있는 장애를 가졌지만, 하버드는 이 아름다운 이야기의 가치와 팀의 인성, 잠재력을 정확하게 평가했고 그에게 입학 자격을 부여했다.(현재 팀은 콜로라도주의 한 고등학교에서 수학을 가르치고 있다.)

물론 '저렇게 해서 공정한 정량 평가가 가능할까?' 하고 의구심이 들 수도 있다. 실제로 하버드생들도 커리큘럼이 너무 힘들어서 학교가 자기를 잘못 뽑은 거 아니냐고 자조 섞인 농담을 하기도 한다.(익스텐션 스쿨도 졸업이 쉽지는 않다. 창립 이래 입학한 학생들 중 0.2퍼센트 정도만 졸업에 성공했다.) 하지만 하버드는 언제나 자신 있게 말한다.

"하버드는 학생을 뽑는 데 절대 실수하지 않는다."

팀은 팀대로, 나는 나대로 인생을 보여주고 그 속에 담긴 잠재력을 평가받았다. 미국으로 건너와 최고의 수학 강사라는 잊지 못할 경험을 하고, 그때 학부모 한 분이 하필 MIT 교수라서 기꺼이 추천서를 써 줬다. 내 경험과 능력을 높이 사주고 '딸 바보'인 것마저 좋게 봐준 면접관을 만났다. 이 모든 일들이 기적 아니었을까. 면접을 마치고 나오면서 어쩌면 내가 정말 하버드에서 공부할 수도 있겠다는 생각이 들었다. 그리고 나는 정말로 하버드생이 되었다.

헬로 하버드

하버드는 미국 전역, 아니 전 세계에서 가장 공부하고 싶어하는 학교 중 하나다. 다양한 인종, 다양한 언어, 다양한 경험과 지식이 하나의 뜨거운 용광로 속에서 끊임없이 화학작용을 하는 멋진 곳이다. 특히 다들 너무 말을 잘했다. 거의 말하면서 동시에 머릿속 컴퓨터가 생각을 정리하는 듯 보였다. 그들 사이에서 일과 공부를 병행하며 어떻게든 뒤처지지 않으려 정말 많이 노력했다. 그 결과 감사하게도 성적 우수생으로 (원래부터 가고 싶었던) 교육대학원에서 장학금을 받고 공부할 수 있는 정말 흔치 않은 기회를 거머쥐었다.

하버드 대학교에는 흔히 말하는 사범대가 없다. 그래서 교육대학원 수업에는 장차 선생님이 되려는 하버드 학부생들도 여럿 들어온다. 물론 현직 교사도 많이 있다. 40대 교감 선생님부터 애가 셋인 현직 교사, 앞을 볼 수 없는 장애를 가진 특수학교 선생님까지. 국적도 미국부터 중국, 인도, 태국, 일본, 독일까지 정말 다양하다. 이렇게 인종, 나이, 국적, 문화, 가치관 등이 서로 다른 사람들이 모여 자유롭게 의견을 개진

하고 정보를 교환한다. 그리스 시대에 철학자들과 정치인들이 논쟁하던 아고라가 21세기까지 남아 있다면 이런 모습은 아닐는지.

무엇보다 강의 자체부터 건물 구조까지 모든 것의 주인공은 학생이라는 인식이 아주 강하다. 커다란 칠판을 향해 책상과 의자가 일사분란하게 정렬되어 있는 일반적인 교실과 달리 하버드 대학원의 강의실에는 가운데에 타원형 테이블이 놓여 있고 학생들은 서로 마주하고 테이블에 앉는다. 교수는 타원형 테이블의 좁은 한쪽 끝에 앉아 설명하고 가르치는 동시에 토의를 이끌어나간다. 한국에서 볼 법한 전형적인 교수 느낌보다는 오히려 사회자 겸 학습 코치에 가깝다고나 할까. 학생들은 교수를 '교수님' 대신 이름으로 부르고 조교는 수업 시작부터 끝까지 거의 모든 대화를 받아 적으며 학생 각각에게 개인적인 피드백을 할 자료를 최대한 많이 수집한다.

이런 분위기다 보니 시험이나 과제보다 토론이나 발표에 얼마나 참여하는가에 대한 평가 비중이 크다. 적어도 전체 성적의 15퍼센트 정도는 된다. 당연히 교수 말을 한 마디라도 더 적으려는 사람보다 자기 의견을 한 마디라도 더 말하려는 사람이 훨씬 많다. 자연스레 필기는 최소한으로 하거나 녹음기, 핸드폰 카메라 등의 전자기기에게 맡기게 된다. 학생들은 교수들이 미리 제시한 책이나 논문을 수업 전에 읽고 교수가 낸 몇 가지 질문에 대한 생각을 정리해 서로 공유한다. 그리고 수업 시간에 그 주제에 대해 깊이 있게 토론한다. 생각과 생각이 부딪히는 그곳은 총성 없는 전장과 같다. 토론에서 밀린 학생들은 다음을 기약하며 조용히 칼을 간다.

토론 주제에는 한계가 없다. "지금 정규 교과과정에서 가르치는 수학 개념들 중에 뭘 빼야 할까?"라는 질문부터 "숙제를 내야 하는가? 그렇다면 분량은 어느 정도가 적당한가?"까지 온갖 주제들이 쏟아진다. 이런 토론식 수업을 대부분의 한국 학생들은 두렵게 느낄 것이다. 우리는 한국에서 늘 정답이 있는 문제에 대해 정답과 가장 근접한 생각을 갖고 있는 학생이 가장 좋은 점수를 받는 시스템에서 자라왔기 때문이다. 당연히 사회에 나가서도 동료의 시선, 상사의 평가를 의식하며 끊임없이 자신의 말을 평가하고 검열한다. 주관적인 의견을 묻는 말에도 이게 과연 상대가 원하는 답인지 눈치 보느라 쉽게 입을 떼지 못한다.

하지만 하버드는 좀 다르다. 여기서는 획기적이고 독창적인 생각을 표현할 줄 알고 그 생각을 뒷받침하는 논거를 제시할 줄 아는 학생이 가장 좋은 점수를 받는다. 교수는 현재 정답이라고 여겨지는 생각을 소개하고 그것이 정답으로 인정받고 있는 이유를 제시해주지만, 학생들은 어디까지나 참고만 할 뿐이다. 교수는 자신이 가르쳐준 것보다 더 기발한 발상으로 문제를 바라보는 학생들을 높게 평가하고, 정말 좋다고 생각하면 그 주제로 기말 보고서나 졸업 논문을 써보라고 제안하기도 한다.

더 나아가 하버드에서 공부는 강의실 내에서 교수의 지도하에서만 이루어지는 것이 아니다. 대부분이 하버드대 도서관이라고 하면 와이드너 도서관, 캐벗 과학 도서관, 라몬트 도서관 같은 대형 도서관을 떠올린다. 물론 많은 학생들이 그런 도서관에서 머릿속에 지식을 채우기 위한 공부를 열심히 한다. 하지만 내가 느낀 하버드의 독특한 에너지는 각 학교 건물 1층에 자리한 카페테리아와 작은 도서관에서 훨씬 강렬하게 발산한다. 이렇게 독서와 수다가 동시에 가능한 공간에서 학생들은 삼삼오오 모여 밥을 먹거나 커피를 마시며 같이 숙제를 하고 프로젝트 주제에 대해 논의한다.(특히 교육대학원의 거트먼 도서관 1층 카페는 완전 시장통이다!)

공부는 책상 앞에서 혼자 하는 거라는 과거 선생님의 잔소리가 무색할 정도로, 하버드에서 '공부하기'란 훨씬 유연하고 다양했다. 그리고 단순 암기보다는 원리를 찾아 공부하기를 좋아했던 성향과 지치지 않는 수다 본능이 시너지를 내면서 나는 물 만난 고기 마냥 하버드를 마음껏 휘젓고 다녔다.

5

전설의 코리안

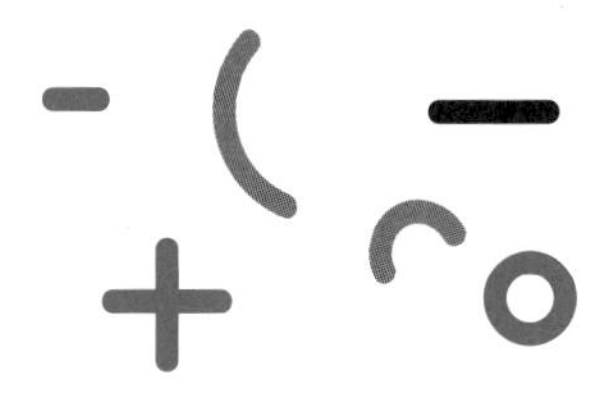

하버드 올 A

군대 제대 후 미국에 막 건너왔을 때 일이다. 당시 내가 살던 동네에는 케이마트라는 대형 마트 체인점이 있었다. 하루는 침대 옆에 놓을 작은 테이블을 사러 마트에 갔다. 요즘은 한국에도 코스트코가 있어서 미국식 대형 마트가 어떤 모습인지 아는 분들이 많지만 나는 그런 걸 본 적 없는 촌놈이었기에 그곳은 완전히 거인국처럼 보였다. 매장은 얼마나 넓은지 매대로 둘러싸인 미로 속에서 몇 번이나 길을 잃어버렸다. 안 되는 영어로 묻고 물어 겨우 목표물에 당도했다.

그런데 거인국의 마트는 넓기만 한 게 아니었다. 가격표는 또 얼마나 큰지 숫자 하나가 내 손바닥만 했다. 미국 사람들은 시력이 안 좋은가? 뭐 그런가 보다 하고 적당한 가격의 물건을 하나 집으려고 했다. 그런데 또 물건은 저 위, 매장 선반 꼭대기에 진열되어 있었다. 키 크다고 자랑하는 건가? 나 같은 동양인은 꼭 사람을 불러서 도와달라고 해야 하나? 이렇게까지 생각이 미치자 쓸데없는 오기가 발동했다. 나는 점원도 부르지 않고 옆에 있던 지저분한 사다리를 타고 올라가 끙끙대며 겨우 테이블을 내렸다. 불리한 신체 조건을 극복하고 에베레스트산이라도 정복한 것처럼 묘한 성취감이 들었다.

나는 테이블을 큰 카트에 싣고 계산대로 위풍당당하게 걸어갔다. 영어는 잘 못하지만 바코드를 찍으면 화면에 가격이 나오니까 자신감 있는 표정으로 돈만 내고 나오자고 생각했다. 그런데 내 차례가 되자 갑자기 계산원이 속사포로 말을 내뱉기 시작했다. 너무 빨리 말해서 무슨 말인지 하나도 알아듣지 못하고 거북이처럼 두 눈만 껌뻑거렸다.

가만히 들어보니 좋은 뉘앙스는 아니었고 뭔가 내게 따지는 느낌이 들었다. 내 행색을 보고 돈 있냐고 물어보는 건가 하는 생각에 자존심이 상해 “머니? 아이 해브 머니!”라고 대꾸하며 지갑을 열어 현금과 카드를 보여줬다. 결국 계산원은 고개를 가로젓더니 마이크에 대고 온 매장이 쩌렁쩌렁 울리게 뭐라 말하기 시작했다. 분명 죄 지은 건 없는데 경찰을 부르는 건가 싶어서 안절부절못했다. 당시까지만 해도 유색인종이 어버버하다가 억울하게 유치장에 갇혀 고생했다더라는 식의 괴

담이 유학생들 사이에서 여전히 존재했다.

잠시 후 호출을 받고 온 사람은 다행히도 경찰이 아닌 매장 직원이었다. 그 직원은 카트에 박스 하나를 싣고 와서 계산대에 올려놓더니 내가 가져온 테이블을 가져가버렸다. 그 순간 아까 날 향해 쏘아붙였던 계산원의 말이 한 박자 늦게 귀를 때리기 시작했다. "이보세요. 밑에 있는 박스를 가져와야지, 힘들게 올려놓은 전시품을 가져오면 어떡해요. 도로 갖다 놓고 박스를 챙겨 오세요."

어쩐지 물건이 너무 높이 있다 했다. 사실 나도 바닥의 박스들을 못 본 건 아니었다. 그런데 그 테이블이 들어 있기에는 사이즈가 너무 작아서 같은 건지 몰랐다. 알고 보니 설명서를 보면서 부품들을 내가 직접 조립해야 하는 제품이었다. 이제는 한국에도 이케아가 있으니 요즘 친구들은 이런 방식이 낯설지 않겠지만, 나는 당시만 해도 가구를 사서 직접 조립해야 한다고는 단 한 번도 생각해보지 못했다. 아무튼 계산대에서 한참 야단맞고 난 후에야 겨우 마트를 빠져나올 수 있었다.

처음 미국에 왔을 때만 해도 낯선 장소, 낯선 문화 속에서 남들에게 민폐를 끼칠 때마다 내 등에는 'F'라는 도장이 찍히는 기분이었다. 뭐, 실제로 내 뒤에 대고 "F**k"이라고 쏘아붙였을지도 모르겠다. 영어를 이렇게나 못하는데 과연 미국에서 대학은 갈 수 있는 건지 걱정이 되어 밤잠을 설치는 날도 비일비재했다.

그런 내가 40세 늦깎이 학생으로 하버드에 입학해 우등으로 졸업할 줄 누가 알았으랴. 내 졸업 학점은 4.00 만점에 3.87점이다.(참고로 하버드는 A⁺가 없다. A가 4.00으로 최고점이고 A⁻는 3.67, B⁺는 3.33, 이런 식으로 점수가 부여된다.) 그렇다. 나는 성적을 매우 짜게 주기로 유명한 하버드에서 B⁺ 하나 없이 '올 A'를 받았다.

난생처음 기립 박수를 받다

하버드에서 들은 대부분의 수업이 상대평가였기 때문에 똑똑한 하버드 재학생들, 경험 많은 선생님들과 경쟁해 A를 받는다는 건 결코 쉬운 일이 아니다. 솔직히 처음에는 다른 건 몰라도 수학만큼은 누구에게도 뒤지지 않는다고 자신했다. 하지만 하버드에서는 매 수업이 이제껏 경험해보지 못한 새로운 충격이자 큰 도전이었다.

예를 들어 올리버 교수는 처음부터 끝까지 컴퓨터를 가지고 수업을 진행했다. 그는 지오지브라GeoGebra나 데스모스Desmos 같은 프로그램 사용법을 알려주는 것은 물론, 새로운 교수법을 구현해줄 소프트웨어나 애플리케이션 제작을 가르쳤다. 컴퓨터과학과 출신인 내가 20년간 피했던 코딩 수업을 여기서 다시 듣게 될 줄이야! 시대는 계속 바뀌고 필요한 수학적 역량은 다양해지고 있는 지금, 무엇을 더 가르치고 무엇을 덜 가르칠 것인가(소위 '코어 커리큘럼')에 대해 끝장 토론도 해봤다.

그래프이론, 군론, 게임이론, 이산수학 같은 수업들을 들으며 오랜만에 학생으로 돌아가 수학에 푹 젖어드는 시간도 가졌다.

그간 학원에서 학생과 학부모의 만족도에 따라 하루살이 같은 삶을 살다 보니 이걸 왜 가르쳐야 하는지, 어떻게 하면 더 효과적으로 가르칠 수 있는지에 대해 깊이 생각할 여력이 없었다. 그런데 2년 동안 하버드에서 미적분학, 통계학, 기하학 등의 수업을 다시 들으며 그런 질문에 모처럼 진지하게 고민해볼 수 있었다. 뿐만 아니라 내 머릿속에 흩어져 있던 수학 지식을 마치 구슬을 꿰듯 체계화시켜 하나의 근사한 성으로 만들 수 있었다. 나의 수학이라는 우물에 물이 다시 차오르는 듯했다.

무엇보다도 하버드에서 수학 교육자로 전문적인 과정을 차근차근 밟아나가며 내 일, 내 능력에 대해 믿음이 생겼다는 것이 개인적으로는 가장 큰 성과였다. 이와 관련해 스스로 자랑스럽게 생각하는 일화 하나를 소개하려 한다. 내가 일반 수학교육학 수업을 들을 때였다. 그날은 하버드 학부생 5명으로 이뤄진 조가 '확률을 어떻게 가르칠 것인가'라는 주제에 대해 발표를 하기로 되어 있었다. 프레젠테이션에 가위바위보가 나왔던 건지는 잘 기억나지 않는다. 어쨌든 발표가 끝나고 어떤 학생이 가위바위보를 해서 이길 확률이 뭔지 물었다. 발표자는 별다른 망설임 없이 딱 한 번만 하는 게임에서는 이기거나 비기거나 질 경우 중 하나니까 승률이 3분의 1이고 비기면 다시 하는 게임에서는 이기거나 질 경우 중 하나니까 2분의 1이라고 시원하게 대답했다.

문제는 그다음에 있었다. 이렇게 경험적으로는 대답할 수 있지만 수학적으로는 이걸 어떻게 설명할 수 있을지 잘 모르겠다며 혹시 아는 사람이 있느냐고 발표자가 되려 청중에게 질문을 던진 것이다. 한쪽 구석에서 우리의 토론을 관찰하며 노트북에 부지런히 뭔가를 입력하고 있던 교수님도 고개를 들고 흥미롭게 우리를 지켜봤다. 그때, 내가 손을 번쩍 들었다.

가위바위보를 한쪽이 이길 때까지 계속한다면, 첫판에서 승부가 갈릴 수도 있고, 첫판에 비겨서 둘째 판에서 승부가 갈릴 수도 있고, 아니면 둘째 판도 비겨서 셋째 판에서 승부가 갈릴 수도 있다. 뿐만 아니라 셋째, 넷째 판에도 연달아 비길 수 있고, 심지어 극히 낮은 확률로 100번째, 1000번째 판까지 내리 비길 수도 있다. 이 모든 경우를 다 고려해야 답을 구할 수 있다.

가위바위보 한판에서 이기든 비기든 지든 확률은 각각 3분의 1이다. 따라서 첫판에서 바로 이길 확률은 1/3. 첫판에서 비기고 둘째 판에서 이길 확률은 1/3×1/3. 첫판, 둘째 판에서 비기고 셋째 판에서 이길 확률은 1/3×1/3×1/3. 이런 식으로 모든 경우의 수를 합한 확률 S는 다음과 같다.

$$S = \frac{1}{3} + \left(\frac{1}{3}\right)^2 + \left(\frac{1}{3}\right)^3 + \left(\frac{1}{3}\right)^4 + \cdots : 식(1)$$

덧셈은 무한히 계속된다. 그래서 무한히 다 더하면 값이 얼마가 되는데? 답이 있기는 한 거야? 계속 더하면 끊임없이 증가할 테니 무한대 아냐? 우선 침착하게 위의 식에서 양변에 1/3을 곱한다.

$$\frac{1}{3}S = \left(\frac{1}{3}\right)^2 + \left(\frac{1}{3}\right)^3 + \left(\frac{1}{3}\right)^4 + \left(\frac{1}{3}\right)^5 + \cdots \quad : \text{식}(2)$$

이제 식(1)에서 (2)를 뺀다. 계산은 생각보다 깔끔하다.

$$\begin{array}{rrl} & S = & \frac{1}{3} + \left(\frac{1}{3}\right)^2 + \left(\frac{1}{3}\right)^3 + \left(\frac{1}{3}\right)^4 + \cdots \\ -) & \frac{1}{3}S = & \left(\frac{1}{3}\right)^2 + \left(\frac{1}{3}\right)^3 + \left(\frac{1}{3}\right)^4 + \left(\frac{1}{3}\right)^5 + \cdots \\ \hline & \frac{2}{3}S = & \frac{1}{3} \end{array}$$

이렇게 하면 우변에 항이 무한개라 할지라도 모두 소거되고 1/3만 남는다. 이제 양변에 2/3의 역수인 3/2를 곱하면 다음과 같다.

$$\frac{2}{3}S \times \frac{3}{2} = \frac{1}{3} \times \frac{3}{2}$$

$$S = \frac{1}{2}$$

따라서 한쪽이 이길 때까지 계속하는 가위바위보 게임에서 이길 확률은 2분의 1이다.

여기서 등장한, 똑같은 수를 무한히 곱하면서 그것들을 무한히 더해가는 수를 무한등비급수라고 한다. 무한등비급수의 역사는 아주 길다. 고대 그리스 시대까지 올라가니 말이다. 당시 제논이라는 철학자는 이런 문제를 냈다.(현대 버전으로 각색을 좀 했다.)

> 달리기 선수 아킬레우스는 먼저 출발한 거북이를 절대 이길 수 없다. 만약 거북이보다 100배 더 빨리 달릴 수 있는 아킬레우스가 0미터 지점에 있고, 거북이는 그보다 훨씬 앞인 100미터 지점에 있다고 하자. 아킬레우스가 거북이를 따라잡으려면 우선 거북이의 현재 위치인 100미터 지점까지 가야 한다. 그런데 거북이도 그사이에 조금 움직여서 101미터 지점에 위치하게 된다. 다시 아킬레우스가 101미터 지점으로 가면, 거북이는 다시 101.01미터 지점으로 앞서 나간다. 아킬레우스가 다시 따라잡으려고 101.01미터 지점에 가면 역시 거북이는 또 움직여서 101.0101미터 지점에 위치하게 된다. 이 과정이 무한히 이어진다. 따라서 아킬레우스는 거북이를 결코 따라잡을 수 없다.

말도 안 되는 소리다. 거북이가 제 아무리 멀리서 먼저 출발해도 고대 올림픽의 달리기 선수였던 아킬레우스가 몇 걸음만 성큼성큼 뛰어가면 바로 따라잡을 것이다. 그런데 당시 내로라하는 철학자들 중 누구 하나 이 궤변에 반박하지 못했다. 그래서 이 문제는 '제논의 역설'이라는 이름의 난제로 길이길이 전해졌다.

제논의 역설은 근대에 접어들어 극한이라는 개념이 생기고 수학자들이 무한에 대해 생각할 수 있게 되면서 마침내 풀렸다. 먼저 위의 과정이 일어나는 데 걸리는 시간이 매우 찰나의 순간임을 알아야 한다. 아킬레우스가 처음 100미터 달리는 단계에서야 몇 초가 걸리겠지만, 그다음 단계부터 1미터, 0.01미터, 0.0001미터 추가로 가는 데 걸리는 시간은 정말 눈 깜짝할 새보다 빠르게 지나간다. 우리는 어떻게 이 '시간의 늪'을 벗어날 수 있을까?

바로 여기서 앞의 가위바위보 사례에서 보였던 무한등비급수가 사용된다. 우선 거북이를 따라잡기 위해 아킬레우스가 달려야 하는 거리들을 구간별로 다 더하면 다음과 같다.

$$S = 100 + 1 + 0.01 + 0.0001 + \cdots$$

$$= 100 + 100 \times \left(\frac{1}{100}\right) + 100 \times \left(\frac{1}{100}\right)^2 + 100 \times \left(\frac{1}{100}\right)^3 + \cdots$$

양변에 1/100을 곱한다.

$$\frac{1}{100}S = 100 \times \left(\frac{1}{100}\right) + 100 \times \left(\frac{1}{100}\right)^2 + 100 \times \left(\frac{1}{100}\right)^3 + 100 \times \left(\frac{1}{100}\right)^4 + \cdots$$

이제 두 식을 빼면 답을 구할 수 있다.

$$\frac{99}{100}S = 100$$

$$S = \frac{10000}{99}$$

이 값은 무한대가 아니다. 아킬레우스가 무한히 달릴 필요가 없다는 말이다. 100미터보다 조금 더, 정확히 10000/99미터만 달리면 거북이를 따라잡을 수 있다. 100미터 달리는 데 10초가 걸린다고 하면 1000/99초(약 10.1초)면 따라잡을 수 있다.

이런 식으로 무한등비급수의 개념을 이끌어내 공식*에 의지하지 않고 직관적으로 풀면서 설명했더니 학생들이 감탄하며 날 쳐다봤다. 그리고 그때까지 "저 나이 많고 조용한 동양인은 뭐야?" 하고 약간 깔보던 애들까지, 모두 일어나 박수를 치기 시작했다. 난생처음 받아본 기립 박수였다.

---

* 무한등비급수의 합 공식은 다음과 같다.
등비수열 $\{a_n\}$의 첫째항을 a, 공비를 r라 할 때, $-1 < r < 1$이면 무한등비급수의 합 $\sum_{n=1}^{\infty} a_n$은 $\frac{a}{1-r}$이다.

그날 저녁, 나는 떨리는 마음으로 교수님이 보낸 메일을 열어봤다. 하버드에서는 토론 수업을 할 때마다 교수들이 학생 한 명 한 명에게 메일로 피드백을 준다. 특히 당시 수업 담당 교수는 소위 '팩폭'의 달인으로 상대방을 봐주지 않는 냉정한 평가가 특기인 분이었다. 그런데 그날 메일에는 "good" "excellent" 같은 좋은 말이 한가득이었다. 특히 "당신은 알고 있는 것을 정말 잘 전달하는, 진정한 선생님"이라는 평가는 아직도 머리에 맴돈다. 지금까지도 나는 일에 지쳐 쓰러지려 할 때마다 그 말을 떠올리며 다시 힘을 내곤 한다.

2년 동안 하버드에서 내가 얻은 것은 새로운 지식과 폭넓은 인간관계만이 아니었다. 그곳은 나를 선생으로 인정해주었다. 덕분에 나는 내 자질에 대해 확신을 갖고 자신감을 회복했으며 더 적극적으로 학업에 임했다. 뿐만 아니라 경쟁에서 살아남고 역경을 극복하는 원동력이 될 소중한 습관도 선물받았다.

습관이 결과를 만든다 : 성공을 낳는 작은 성취들

"Manners Maketh Man.(매너가 사람을 만든다.)"이라는 영화 대사가 있다. 유행이 좀 지난 듯 하지만 나도 뒤늦게 숟가락을 얹어보려고 한다. "습관이 결과를 만든다." 정확히는 좋은 습관이 좋은 결과를 만든다. 공부든 회사 생활이든 결국에는 습관 싸움이 아닐까 싶다. 좋은 습관을 가진 학생은 높은 성적을 받고, 좋은 습관을 가진 회사원은 능력을 인정받고 승승장구한다. 좋은 습관은 반드시 좋은 결과를 가져온다. 이것이 하버드에서 얻은 깨달음이자 곧 나의 신념이다.

좋은 습관을 어떻게 가질까? 어느 심리학 실험 하나가 있다. 사람들한테 "코끼리를 생각해보세요."라고 말하고는 잠시 후 "자, 이제부터는 코끼리를 생각하지 마세요."라고 하면 어떻게 될까? 피실험자들은 의식적으로 코끼리를 생각하지 말아야지 하다가 결국 코끼리 생각을 더 하게 된다. 그 생각을 떨쳐내는 방법은 하나다. 다른 걸 생각하는 것이다. 가령 기린을 생각한다. 기린 생각을 하면 코끼리 생각은 머릿속에서 사라진다.

나도 예전에 당구를 처음 배웠을 때 비슷한 경험을 했다. 공부를 해야 하는데 책상 위에서 빨간 공 2개와 흰 공 1개가 굴러다녔다. 잠들려고 누우면 천장에서 또 당구공들이 굴러다녔다. 나는 공부하지도, 자지도 못하고 한참 가상의 당구채를 들고 스리쿠션 연습을 했다. 하루 종일 당구 생각뿐이었다. 그래서 요즘 아이들이 컴퓨터 게임에 빠지는 걸 어느 정도는 이해한다. 눈만 뜨면 게임이 생각나고, 학교나 학원 칠판이 컴퓨터 모니터로 보이는 아이들한테 "게임 생각 그만해!"라고 말해봤자 아무 소용없다.

그럼 어떻게 해야 할까? 기린으로 코끼리를 물리치듯, 다른 것으로 게임을 물리쳐야 한다. 만약 게임만 하던 아이가 기타에 빠졌다고 해보자. 자연스럽게 게임은 머릿속에서 사라지고 기타 생각을 하게 된다. 물론 공부해야 하는 입장, 또는 자녀를 공부시켜야 하는 입장에서는 기타에 빠져서 공부를 안 하면 결국 게임과 마찬가지 아니냐고 반문할 것이다. 하지만 게임보다 기타가 중독성이 훨씬 덜하다. 게임 대신 공부하기는 어려워도 기타 대신 공부하기는 쉽다. 좋은 습관은 이렇게 조금씩 전진하듯 만들어진다.

하버드 시절 나는 좋은 습관들을 만들어나갔다. 침대 머리맡에 성경을 두고 매일 자기 전에 읽고 기도를 했다. 그리고 새벽 4시 반에 일어났다. 바로 몇 시간 전에 잘 되게 해달라고 기도를 해놓고 아침 늦게 퍼질러 잘 수는 없었기 때문이다. 그리고 꼭 오후 10시에는 잠에 들려고 노력했다. 일찍 자고 일찍 일어나는 습관이 좋은 점은 야밤보다 아침에 할 수 있는 일이 훨씬 더 많다는 것이다. 매일 아침 내가 가졌던 그 2~3시간이 날 바꿔나갔다. 그날 할 일을 확인하고 답장해야 하는 이메일을 우선 보냈다. 그리고 공부했다. 맑은 정신에 얼마나 효율이 높던지 만약 야참으로 배를 채우고 반쯤 졸면서 하면 3~4시간 걸릴 공부를 절반의 시간으로 끝낼 수 있었다. 하다못해 치킨도 야식으로 먹어야 맛있다. 반면 꼭두새벽부터 치킨이 먹고 싶은 사람은 거의 없다.

이런 내 말에 야행성이어서 새벽에 못 일어난다고, 아무리 자명종을 맞춰놔도 들리지도 않고 혹 듣는다 해도 도무지 일어날 수가 없다고 말하는 사람이 분명 있다. 여기에는 다 이유가 있다. 잠들 때 다짐을 하지 않기 때문이다. 친구랑 전화하다 혹은 게임하다 아니면 인터넷 서핑을 하다 쓰러져 자는 사람이 새벽에 못 일어나는 건 당연하다. 내 몸에게 내일 아침에 일어나야 한다는 어떤 신호도 안 보냈는데 내 몸이 알아서 그 시간에 어떻게 깨어나겠는가? 정말 어림도 없다.

나는 하버드 입학 후 처음 몇 개월 동안 다른 목표는 하나도 세우지 않았다. 단지 일찍 자고 일찍 일어나자. 이것 하나만 명심하고 실천하려고 애썼다. 그래서 이 습관을 들이는 일이 얼마나 어려운지 잘 안다. 하지만 그럴 가치가 있다고 자신 있게 말할 수 있다. 일찍 일어나 커피 한 잔을 뽑아서 책상 앞에 앉으면 이른 아침 시간을 건강하고 생산적으로 보낼 수 있다. 이렇게 모인 시간의 힘으로 내가 하버드 생활을 훌륭히 해내지 않았나 하고 생각한다. 이 습관은 지금까지 내 삶을 견인하고 있다.

물론 일찍 일어나는 새가 됐더니 A 학점이 자동으로 딸려왔다고 보지는 않는다. 인생이 그렇게 단순하지는 않다. 다만 시작이 반이라고, 목표한 바를 달성하기 위해서 좋은 습관을 기르는 일이 중요하다는 걸 말해주고 싶다. 그렇게 축적된 시간이 믿을 수 없을 만큼 큰 차이를 낳는다는 사실도 말이다.

이런 내가 못 미덥다면 다른 형을 소개해주겠다. 대학교에 다닐 때 만난 그 형은 항상 등산 가방 속에 스탠드 램프를 넣고 다녀 이름보다

'스탠드'라는 별명으로 불렸다. 그는 학교 중앙 도서관에서 공부를 하다가, 문을 닫으면 캠퍼스 센터에 있는 독서실에서 공부를 하고, 그곳마저 문을 닫으면 아무 소파에 앉아서 공부를 했다. 그래서 늦은 밤 캠퍼스 어디에서든 공부할 수 있게 불을 밝혀줄 개인 스탠드가 필요했다. 형은 등산 가방에 스탠드와 전공 서적을 이고 다니며 스스로 목표한 공부량을 달성할 때까지 학교 문밖을 나서지 않았다. 그리고 비가 오나 눈이 오나 자신의 길을 묵묵히 걸어온 그 형은 자신이 원했던 대로 지금 공대 교수가 됐다.

직업 특성상 나는 학부모들과 자주 상담하는 편이다. 그런데 의외로 이런 말을 참 많이 듣는다. "우리 아들, 딸이 머리는 좋은데 공부를 안 해요. 하지만 철들고 나서 열심히 하기만 하면 금방 잘할 거라 믿어요. 그렇죠?" 미안하지만 난 단연 "아니오."를 외친다. 부모의 기대와 달리 애들은 선택권이 있다면 그걸 절대 공부에 쓰지 않는다. 상식적으로 생각해도 몇 시간씩 앉아서 공부하는 걸 좋아하는 학생이 얼마나 있을 것 같은가? 그런데도 많은 부모들이 이런 말도 안 되는 믿음을 갖고 있다.

우리 자신도 마찬가지다. "내가 말이야, 마음만 먹으면 말이야."를 입에 달고 사는 사람이 주변에 한둘은 있다. 그들은 소소한 성취가 자신의 그릇과 맞지 않는다며 언젠가 크게 한방 보여주겠다고 큰소리친다. 하지만 나는 매일 자신과 하는 작은 약속도 지키지 못하는 사람이 주변 사람들을 놀라게 할 정도의 큰 성공을 이룰 거라고 생각하지 않는다. 오히려 그런 삶의 태도는 한 번뿐인 자기 인생을 번갯불에 두 번 맞아도 살아남을 확률에 거는, 정말 무모한 짓이라고 생각한다.

매일 일찍 일어나 엉덩이에 땀띠 나게 공부했던 하버드 시절은 고된 만큼 뜻깊은 시간이었다. 그렇게 한 학기 한 학기 열심히 다니다 보니 어느덧 졸업을 앞두게 되었고 학교에서 공부를 좀 더 해볼 생각은 없느냐고 담당 교수님이 진지하게 물어보기도 했다. 하지만 첫째 딸이 학교에 들어가고 마흔에 본 둘째까지 키워야 했던 상황이라 공부보다는 생계가 우선이었다. 그렇게 나는 다시 세상으로 나왔다.

6

삶의 무기가 되는 수학

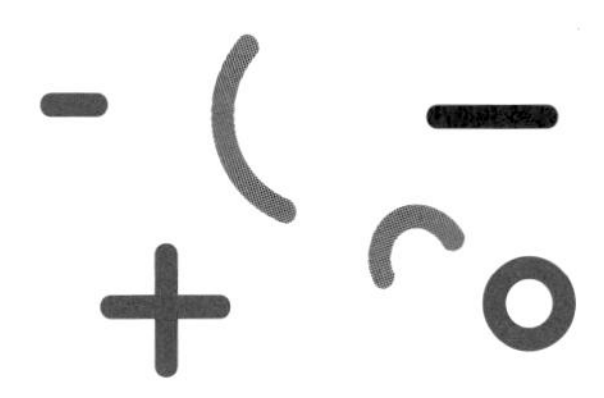

4시간 자고 공부해도 불안한 이유

다음은 대치동에 사는 한 지인의 중학교 자녀가 실제로 따르는 대략적인 생활표다.

7시 기상

8~9시 등교

15~16시 하교

18시 수학 학원

20시 영어 학원

22시 귀가

23시 숙제 및 공부

1시 정리 후 취침

아직 중학교 1학년밖에 안 된 어린아이가 하루에 6시간만 자면서 이 끔찍한 생활을 매일 반복하다니 버텨내는 게 대견스럽기도 하고 안타깝기도 하다. 부모도 고통을 분담한다. 아이를 학원에 데려다주고 입시 설명회 등을 찾아다니며 요즘 어떤 선생이 잘 가르치고 어떤 과목을 공략해야 하며 정부는 어떤 정책을 시행할 예정이고 대학은 어떤 인재를 선호하는지에 대해 끊임없이 정보를 업데이트하느라 몸이 열둘이어도 모자란다는 게 지인의 설명이다. 아버지는 가장으로 돈만 잘 벌어다 주면 된다는 생각은 요즘 큰일 날 소리라고, '치맛바람' 못지않게 '바짓바람'이 중요하다고 덧붙인다.

이 아이는 강남 8학군에서 전교에서 노는 수재고, 아버지를 따라 서울대 의대 진학을 희망한다고 한다. 그런데 이 친구가 나한테 털어놓는 말이 충격적이다. "솔직히 난 잘 모르겠어. 나도, 아내도, 아이도, 일단 좋은 대학에 가자는 생각으로 정말 최선을 다하고 있는데, 너무 불안해. 이렇게 시간과 돈과 노력을 투자해서 아이가 배운 것이 과연 앞으로 살아가는 데 얼마나 쓸모 있을까 싶거든."

나도 두 아이의 아버지로서 친구의 고민이 그냥 팔자 좋은 소리로

만 들리지 않는다. 요즘에는 좋은 성적, 좋은 대학, 좋은 직업과 좋은 직장으로 이어지는 전통적인 성공 방정식이 먹히지 않기 때문이다. 저성장 시대에 양질의 일자리를 두고 경쟁은 치열해지고 있고 기대 수명은 100세, 심지어 120세를 바라보고 있다. 전문 직종에 대한 국가 간 장벽은 점점 무너지고 정년 보장, 평생 직장 같은 개념도 희미해지고 있다. 게다가 앞으로 인간의 지적 능력을 초월하는 인공지능까지 등장할 예정이다.

이런 상황에서 당장 1점을 올리기 위해 문제집을 수십 권씩 풀고 영어 단어를 수백 개씩 암기하는 게 소용 있을까? 세상이 엄청난 속도로 변하고 있는데 아이를 혹사해가며 쓸모없는 지식을 주입시키고 있는 건 아닐까? 나중에 엄마 아빠 말대로 공부만 열심히 했는데 취직도 안 되고 하고 싶은 것도 없다며 날 원망하면 어떡하지? 고단한 하루를 마치고 지쳐 잠든 아이 얼굴을 보며 내 친구와 같은 고민에 빠져 있는 분이 여기 또 있을지 모르겠다.

입시 교육에서 탈출하는 사람들

사실 이런 이야기가 낯설지는 않은 게 내가 보스턴에서 지난 12년간 수많은 아이들과 학부모들을 만나며 들어온 것과 비슷하기 때문이다.

일단 오해를 피하기 위해 하나 말해 두면, "미국은 하나만 잘해도 대학 간다더라." 또는 "한국 수학이 어려우면 미국으로 가라. 미국 수학 시험은 쉬워서 대학 가기 쉽다더라." 같은 말은 사실이 아니다.

물론 한국에서 수학을 너무 못해서 상대적으로 수학이 쉽다고 알고 미국으로 유학 오는 학생도 있기는 하다. 하지만 그런 학생이 미국에 와서 수학을 꼭 잘하는 것도 아니다. 그리고 여기 오는 아이와 학부모는 그런 말만 믿고 오는 경우가 거의 없다. 소위 SKY를 비롯해 한국에서 원하는 대학교에 진학하는 데 별 어려움이 없는, 수준 높은 아이들이 보스턴에 유학을 온다. 오히려 공부만 잘하면 되는 한국과 달리 미국에서는 운동, 음악, 봉사 활동 및 학교 클럽 활동 같은 학업 외 스펙을 많이 쌓아야 명문대에 진학할 수 있어서 정말 다재다능한 유학생들이 많다.

한국에서도 충분히 명문대에 갈 수 있는 아이를 왜 굳이 여기로 보낸 걸까? 사정은 다 달라도 공통적으로 한국 교육의 한계를 토로한다. "교육제도는 계속 바뀌는데 바뀌는 교과과정이 글로벌 인재를 준비시키기에 충분한지 확신이 안 선다." "열심히 암기해 주어진 보기 중 답을 고르는 능력만 평가하는 시험제도로는 미래에 필요한 역량을 키우기 어려울 것 같다." 등의 우려 섞인 말들이 나온다.

아, 오해는 하지 말자. 우리나라 교육이 무조건 후진적이고 잘못되었다고 비판하는 게 아니다. 내가 아는 수학만 놓고 봐도 한국 고교 교과과정에서 다루는 수학 개념의 수준은 세계적으로 높은 편에 속한다. MIT 석좌 교수로 중국, 인도, 일본 그리고 한국의 대학원 학생들을 수도 없이 뽑아본 지인 말로는 우리 학생들의 지적 능력과 학습 능력은 정말 최고라고 한다.

그럼 학부모들과 학생들은 무엇에 한계를 느낀 걸까? 사람마다 여러 이유가 있지만 공통적으로 미래 경쟁력 강화라는 측면에서 한국 교육이 취약하다는 점을 지적한다. 문제는 중학교부터 시작된다.(요즘은 대입을 초등학교 고학년부터 준비한다고 들었다.) 내신 1등급을 달성하기 위해 들이는 비용과 그로부터 얻을 효과를 비교해보면 이건 정말 아닌 것 같다고 학부모들은 입을 모아 말한다.

문제의 본질이 뭔지 왈가왈부하다 보면 끝이 없을 것이다. 허나 분명한 것은 우리는 수학을 '문제 푸는 기계'가 되기 위해 배우는 게 아니라는 점이다. 앞서 말했듯이 수학은 미래의 언어다. 우리의 목표는 셈법의 달인이 되는 것이 아니라 수학을 통해 더 넓은 세상을 보는 것이어야 한다.

실제로 우리나라 7차 교육과정에서는 수학 과목이란 무엇인가에 대해 "수학의 기본적인 개념, 원리, 법칙을 이해하고, 사물의 현상을 수학적으로 관찰하여 해석하는 능력을 기르며, 실생활의 여러 가지 문제를 논리적으로 사고하고 합리적으로 해결하는 능력과 태도를 기르는 교과"라고 기술하고 있다. 여기서 '실생활의 여러 가지 문제를 논리적으로 사고하고 합리적으로 해결하는 능력과 태도'가 바로 수학의 쓸모에 해당하는 부분이자 우리가 12년간 궁극적으로 획득해야 하는 것이다.

그럼 미국이라고 특별할까? 아니다. 미국도 비슷하다. 미국수학교사협회에 따르면 수학 교육은 "일상에서 접하는 상황들을 분석하고 인식해서 그 속에서 생겨나는 문제들을 해결할 수 있도록 일반적이고 효과적인 방법을 찾거나 만들어내는 능력을 배우는 과정"으로 정의되어 있다. 사실 미국을 포함해 세계 대부분 나라들의 수학 교육 목표는 거의 동일하다. 한마디로 내가 지금 배우고 있는 이 수학적 개념들이 어디서 어떻게 사용되고 있으며 이걸로 뭘 할 수 있는지에 대한 자각과 이해를 돕는 것이다.

하지만 시험 문제들을 보면 한국과 미국, 두 나라의 차이를 바로 알 수 있다. 한국에서는 학생이 어떻게 문제에 접근하고 식을 세우는지 관심이 없다. 대신 식을 주고 그 식을 가지고 정답을, 예를 들어 최댓값을 찾으라는 문제를 낸다. 이해, 관찰, 해석, 사고의 과정은 거의 생략되고 해결에 대부분을 집중하는 구조다. 하지만 미국에서는 최댓값을 찾아야 하는 필요성을 학생이 이해했는지 점검하고 그 값을 찾기 위한 과정, 예를 들어 식을 구하는 데 더 집중한다. 이해, 관찰, 해석, 사고에 보다 큰 비중을 둔다. 구체적인 값은 계산기가 구한다.

그럼 왜 우리나라에서는 이런 방식으로 수학을 가르치지 못하나? 여러 가지 분석이 가능하겠지만 최근의 동향만 놓고 보면 사교육에 대한 강박이 수학 교육을 역행시키고 있다고 본다.

대세에 역행하는 한국 수학

사교육 때려 잡기의 역사는 오래됐다. 1980년 전두환 정권 시절에는 '과외 전면 금지 조치'가, 2003년 노무현 정부 시절에는 '학원과의 전쟁'이 있었다. 실용 정부를 표방한 이명박 정부도 실질적인 평가는 엇갈리나 겉으로는 "학교 만족 두 배, 사교육비 절반"을 외치며 사교육 규제에 동조하는 제스처를 취하곤 했다. 그간 정부는 과열된 사교육이 공교육을 무력화시키고 기회의 균등이란 가치를 훼손시킨다고 판단해왔다. 그리고 공정 가치에 민감한 대중을 의식해 이념이나 이해관계를 떠나 사교육에 대해서는 부정적 또는 중립적 입장을 보였다.

이 자리를 빌려 사교육 논쟁을 꺼낼 생각은 없다. 우리나라 교육 문제는 경제, 사회, 정치 등이 모두 얽혀 있는 문제라서 몇 마디 말 오가는 걸로 끝나지 않는다. 다만 한국 수학 교육의 문제를 거슬러 올라가다 보면 문제의 진단 자체가 잘못되어 있음을 절실하게 느낀다. 가만히 보면 통상 시나리오가 이런 식으로 흘러간다.

사교육이 너무 과열되어 있다. 사교육비 때문에 '에듀푸어(Edu Poor,

교육 빈곤층)'라는 말까지 나온다. 그럼 사교육비 1, 2등 차지하는 것이 뭐냐? 바로 영어, 수학이다. 그런데 영어는 요즘 같은 시대에 필수니까 얘는 패스. 그럼 수학은? 야, 이것 봐라. 학교 졸업하면 아무 쓸모없을 텐데 이걸 이렇게 힘들게 배우고 있어. 우리나라는 수학을 너무 많이 가르치고 너무 어려운 수준까지 가르쳐. 그러니까 애들이 학교에서 이해를 못 하고 학원 가서 보충 수업 받거나 미리 배우고 오는 거 아냐. 범위를 줄이고 수준을 낮춰. 그럼 사교육비가 줄어들겠지.

난센스도 이런 난센스가 없다. 학습량을 줄이면 사교육비가 줄어든다고? 그럼 얼마나 줄이면 될까? 덧셈, 뺄셈만 가르치면 되나? 내 생각에는 덧셈, 뺄셈만 가르친다 해도 우리나라 학생들은 12년 동안 덧셈 뺄셈 과외를 받고 학원을 다닐 것이다.

이 기가 막힌 시나리오에 따라 2021년 수능에서 이과 학생이 선택하는 수학 가형에 '기하와 벡터'가 빠진다. 2022년 수능부터는 문이과 구분이 없어지고 '공통수학(필수)+미적분, 통계, 기하 중 선택'으로 바뀐다. '벡터'를 빼고 그냥 '기하'라고 표현할 만큼 대부분의 내용이 해체되어 다른 데 편입되거나 삭제되기 때문에 사실상 기하와 벡터 과목은 당분간 수능에서 빠진 것이나 다름없다. 게다가 수험생들은 미적분과 기하 중 하나만 선택하면 되는데, 대부분은 상대적으로 난이도가 평이하고 응시자 수가 많은 미적분을 선택할 것이므로 기하 과목은 잊힐

가능성이 높다. 사교육을 잡고 싶은 정부의 마음은 이해하지만, 결론이 왜 이렇게 나야 했는지는 의문이다. 사실 이전에도 기하와 벡터는 문과의 미적분과 함께 수능에서 제외된 적이 있다. 지나치게 어렵다는 이유에서다. 실제로 지난 2019학년도 수능 수학 가형에서 기하와 벡터 관련 문항인 29번의 정답률은 6.4퍼센트에 그쳤다.

하지만 기하와 벡터는 초중고에 걸쳐 도형과 좌표라는 이름으로 배운 기하학의 종착지이다. 우리는 삼각형, 사각형, 원 같은 평면도형, 직육면체, 원기둥, 삼각뿔 같은 입체도형, 그리고 직선, 곡선, 원의 방정식과 그래프를 차례차례 배운다. 그러고 나서 기하와 벡터 과목에서 입체도형을 (x, y, z)라는 3차원 공간좌표 위에 표현하고 해석하는 법을 배우게 된다. 그런데 새로운 교과과정에서는 기하와 벡터가 사실상 없는 것과 다를 바 없으니, 12년 동안 밑바닥부터 쌓아 올린 기하학이라는 집이 지붕을 올리는 마지막 단계를 거치지 못하고 미완성 상태로 남고 만다.

한편 기하와 벡터는 여러 변수를 갖는 함수와 그래프를 대상으로 하는 해석기하학의 출발점이기도 하다. 해석기하학이란 그 이름이 나타내듯 미적분을 다루는 해석학과 도형 및 그래프를 다루는 기하학을 함께 아우르는 분야다. 실제 현실은 $y = f(x)$처럼 하나의 입력, 출력만으로 설명되지 않는다. 미세먼지 농도에 중국발 황사를 포함해 계절풍의 방향과 세기, 국내 대기 오염 물질의 농도 등이 영향을 미치듯 말이다.

따라서 실제 현실을 반영하는 함수는 여러 변수를 갖는다. 그 그래프 또한 3차원 이상의 좌표 위에 그려진다. 이때 그래프를 미분하고 적분해 의미를 도출하려면 x, y, z 같은 여러 변수를 가진 복잡한 식을 표현하고 다룰 수 있어야 한다. 그래서 '여러 성분component을 갖는 양'으로서 벡터 개념이 필요하다. 예를 들어 x, y, z 성분을 갖는 벡터는 다음과 같이 그래프로 나타낼 수 있다.

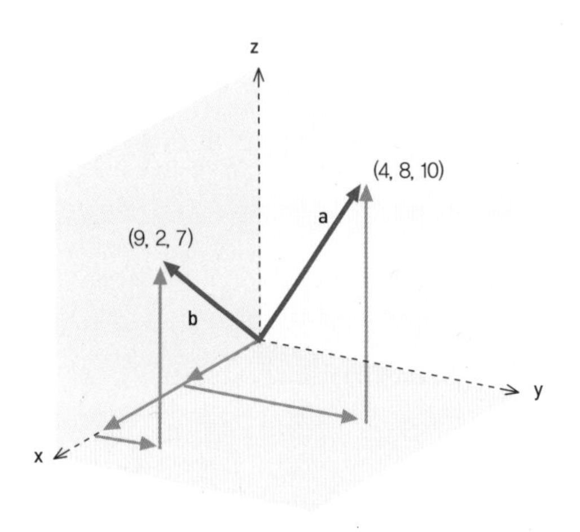

벡터는 오늘날 IT 분야에서 복잡한 데이터 연산을 수행하는 도구로 쓰인다. 특히 애니메이션이나 게임의 그래픽을 개발하는 데 중요한 프로그래밍 툴이다. 오늘날 컴퓨터 그래픽의 수준을 보면 객체의 형태는 말할 것도 없고 광원과 그림자 효과, 기타 물리적 현상까지 기가 막히게 현실처럼 구현해내는데, 이러한 작업들에 벡터가 큰 역할을 한다.

이것은 벡터가 객체를 회전시키거나 객체의 그림자를 구하는 계산에 응용될 수 있고, 무엇보다 여러 성분을 갖는 성질 덕분에 복잡한 데이터 계산을 한꺼번에 할 수 있기 때문이다.

아주 단순화해서 예를 들어보자. 영희의 국어, 영어, 수학 점수가 각각 75점, 90점, 65점이고, 성적 반영 비율은 각각 20%, 30%, 50%라고 할 때 영희의 환산 점수는 얼마일까? 물론 단순한 사례이므로 계산이 어렵지는 않을 것이다. 그런데 이것을 벡터와 그 연산인 내적(•)을 활용하면, 점수 벡터 $\vec{A} = (75, 90, 65)$와 반영 비율 벡터 $\vec{B} = (0.2, 0.3, 0.5)$에 대해 $\vec{A} \cdot \vec{B} = 74.5$와 같이 매우 간단하게 표현하고 계산할 수 있다.

다뤄야 할 성분의 종류와 개수가 많아져도 마찬가지이다. 예를 들어 영희 반 학생 수가 총 20명이면 반을 맡고 있는 담임교사는 아래와 같이 반 전체 학생의 환산 점수를 구할 수 있다.

$$
\begin{matrix} \text{학생 1} \\ \text{학생 2} \\ \text{학생 3} \\ \vdots \\ \text{학생 20} \end{matrix}
\begin{bmatrix} 75 & 90 & 65 \\ 90 & 90 & 99 \\ 82 & 89 & 96 \\ & \vdots & \\ 78 & 76 & 70 \end{bmatrix}
\times
\begin{bmatrix} 0.2 \\ 0.3 \\ 0.5 \end{bmatrix}
=
\begin{bmatrix} 74.5 \\ 94.5 \\ 91.1 \\ \vdots \\ 73.4 \end{bmatrix}
$$

이것은 앞서 3장에서 표로 비유해 그 기능을 설명했던 행렬과 유사하다. 그래서 벡터를 행 벡터, 열 벡터와 같이 행렬의 한 종류로 표현하기도 한다. 2021학년도 수능에서는 공교롭게도 행렬과 벡터가 모두 다뤄지지 않는다.

무엇을 얼마나 가르칠지는 시대적 요청에 따라 결정되는 것이어야 한다. 그리고 4차 산업혁명 시대를 목전에 둔 지금, 전 세계는 수학 교육을 더욱더 강화하고 심화시키고 있다. 우리나라 바로 옆 일본만 해도 문과에서 삼각함수, 미적분은 물론이고 공간벡터까지 배운다. 내가 있는 미국에서는 대학 1학년 교양 수준 과목을 미리 듣게 해주는 대학과목 선이수Advanced Placement, AP 제도가 있다. 물론 AP 과목이 입학요건은 아니지만 최근 명문대 입학 경쟁이 치열해지고 대학에서 수학, 과학 역량을 강화하려다 보니 AP 과목에서 수학과 과학 과목을 추가로 선택해 듣는 학생이 꾸준히 늘고 있다. 그중 미적분 심화 과목의 경우 기하와 벡터를 기초로 하는 고급 미적분을 포함하고 있다. 결코 한국이 많이 가르치는 것이 아니다.

내가 하버드에 있을 때 수학 선생님이 되려면 미적분학은 기초부터 심화까지 무조건 다 들어야 했다. 또 다변수해석학, 이산수학, 그래프 이론, 군론, 게임이론 등 일반적인 교육대학원에서는 가르치지 않는 과목들도 수강하도록 권유했다. 실제로 이산수학과 그래프이론은 최근 급속도로 발전하는 컴퓨터과학과 밀접한 관련이 있다 보니 학교 측과 학생 측의 요구가 커져서 고교 수학 교과과정에 정식으로 편입시키려는 움직임도 있었다. 하버드에서 이 정도까지 가르칠 수 있는 선생님을 양성해 공급한다는 건 그만큼 시대적 수요가 존재한다는 뜻이다. 지금 미국에서 수준이 꽤 괜찮은 고등학교는 거의 다 이산수학을 가르친다.

게다가 2016년 3월 개정으로 SAT에서 수학 교과의 출제 범위도 확대되었다. 물론 난이도가 어렵지는 않지만 기존에 다루지 않았던 삼각함수에 대한 개념이라든가 나머지정리, 인수정리 같은 고차함수에 대한 내용들이 더해져서 고득점을 받기 위해 배워야 할 내용이 훨씬 많아졌다. 그리고 MIT나 캘리포니아 공대칼텍, Caltech 같은 세계 최고의 공대에 진학하려는 학생들은 AMC, AIME 같은 수학 경시대회도 준비해야 한다. 이 시험에는 한국, 일본, 중국 대입 시험의 최고 난이도 문제들이 수두룩하게 나온다.

이렇게 내가 있는 미국만 봐도 수학 교육을 강화하는 추세인데, 한국에서는 오히려 출제하기 어렵다거나 변별력이 없다거나 사교육을 조장한다는 등의 명목으로 미래를 위해 필요한 핵심 개념들을 교과과정에서 빼고 있다. 이런 모습을 보며 수학을 미래 경쟁력으로 생각하고 국가적으로 수학 인재를 적극 양성하려 하는 다른 나라와 비교해 우리나라는 입시 그 이상을 보지 못하는 것 아닌가 하는 우려가 든다. 이러니 월 몇백만 원을 사교육비로 쓰면서 헛돈 쓰는 것 아닌지 학부모들이 불안해할 수밖에 없으리라.

우리에겐 삶의 무기가 되는 수학이 필요하다

내 제자 중에 한 명이 대학교 2학년을 마치고 군대를 갔다. 훈련소에서 지옥 같은 나날을 보내던 어느 날, 훈련병들을 8개 조로 나눠야 하는 상황이 있었다고 한다. 어쩔 수 없이 조교가 "넌 1조, 넌 2조, 넌 3조" 이러면서 200명 넘는 신병들에게 일일이 번호를 주었다. 하지만 얼마 지나지 않아 본인마저 헷갈리기 시작했다. 그때 겁도 없이 이 친구가 나섰다.

"제게 좋은 아이디어가 있습니다!"

"그래, 뭔데?"

"신병, 교관님께 말씀드립니다. 여기 있는 우리 224명 중대원들에게 1부터 224번까지 마구잡이로 번호를 준 후 각 번호를 8로 나누고 나머지를 구하라고 명령하십시오. 그다음은 각 신병의 나머지가 자신의 그룹이니까 그 번호 앞에 가서 서게 하면 됩니다. 213번 훈련병이 213을 8로 나누면 나머지가 5이니까 5조, 80번 훈련병은 나머지가 없으니까 8조, 79번 훈련병은 나머지가 7이니까 7조. 이런 식으로 찾아가라고 하면 아주 완벽하게 무작위로 8개 조를 만들 수 있습니다!"

그러자 그 옆에 서 있던 장교가 "너 어느 대학 나왔어?"라고 물었고 "미국에 있는 브라운 대학교를 다니다 왔습니다!"라고 우렁차게 대답했더니 훈련이 끝난 후 아주 좋은 보직을 받아 편하게 군 생활을 했다는 얘기를 무용담처럼 들려줬다.

물론 군대 에피소드가 그렇듯 과장이 섞여 있겠지만, 수학을 왜 배워야 하는지를 가장 쉽고 재미있게 보여주는 사례라 종종 아이들에게 이야기해주곤 한다. 이처럼 수학은 여러 가지 상황에서 갑자기 들이닥친 문제를 해결할 때 가장 빛을 발하는 학문이다. 수학이 발달해온 역사가 그랬고, 지금 수학이 그 어느 때보다 중요해진 이유도 그렇다.

따라서 초중고 교과과정에서 수학을 얼만큼 어떻게 가르칠지는 미래 사회에 필요한 문제 해결 능력이 무엇인지에 따라 결정되어야 한다. 그런데 한국에서 수학 교육은 대입 시험에 의해 모든 것이 좌우되고 있다. 물론 경쟁은 치열하고 자리는 한정되어 있으니 시험제도를 폐지할 수는 없겠으나, 이런 식으로 범위를 줄여버리면 시간은 제한되어 있고 수준 변별은 해야 되니 더 문제를 꼬고 왜곡시키는 현상이 나타난다.

이런 시험에서 고득점을 받으려면? 일단 가르치는 사람도, 배우는 사람도, 생각을 하면 안 된다. 그건 사치다. 왜 이걸 배워야 하는지 서로 설득하고 이해하는 과정은 '대학'이라는 두 글자로 대체된다. 한 문제만 틀려도 등급이 갈릴 수 있으니 비슷비슷한 문제를 빠르게 반복적으로 푸는 기계가 돼야 한다. 공식을 사용하면 더 빠르게 답을 구할 수 있으니 더 많은 공식을 외우는 것이 남들보다 앞서나가는 길이다.

물론 내 딸도 구몬 학습지를 매일 풀고 있다. 하지만 이건 영어를 배우기 전 알파벳을 외우고 일본어를 배우기 전 가타카나와 히라가나를 외우는 것과 같은 이치다. 숫자 자체와 기초 연산에 대해 어느 정도 익숙해져야 본격적으로 수학을 공부할 수 있다. 한 가지 분명한 건 우리 딸은 평생 컴퓨터는커녕 스마트폰에 내장된 계산기조차 이길 수 없을 것이다. 내가 구몬을 시키는 건 우리 딸이 계산의 달인이 되기를 바라서가 아니라 일정 시간 매일 수를 다룸으로써 이 추상적인 기호와 사고 체계에 좀 더 친숙해지길 바라기 때문이다.

하지만 한국 중학생, 고등학생이 겪는 현실은 이와 차원이 다르다. 그들의 수학 공부는 거의 '훈련'에 가깝다. 훈련이란 목표 달성을 위해 계획적, 의도적으로 말과 행동을 단련하는 것이다. 따라서 어렵고 고통스러우며 지루하다.(제대한 지 20여 년이 지난 지금도 훈련이라는 말이 그렇게 달갑지는 않다.) 수학을 훈련하듯 공부하니 당연히 흥미 따위가 생길 수 없다. 이 와중에 창의력이니 사고력이니 문제 해결 능력 같은 게 길러질 리 만무하다. 지친 아이들이 "왜 수학을 공부해요?"라는 볼멘 소리를 하는 것도 당연하다.

우리의 과거를 돌이켜보자. 예전에 학교에서 기계적으로 인수분해를 하고 이차방정식의 근의 공식을 외웠을 것이다. 하지만 이걸 왜 배운다고 생각하는가? 사실 인수분해와 근의 공식은 이차함수에서 최댓값과 최솟값을 구하기 위해 배우는 툴이다. 무슨 말이냐고? 먼저 이차 방정식 $ax^2+bx+c=0$의 근의 공식은 다음과 같다.

$$x = \frac{-b \pm \sqrt{b^2-4ac}}{2a}$$

이 식을 다음과 같이 분해해보겠다.

$$x = -\frac{b}{2a} \pm \frac{\sqrt{b^2-4ac}}{2a}$$

여기서 $-\frac{b}{2a}$가 바로 최댓값 또는 최솟값을 나타내는 x좌표다.

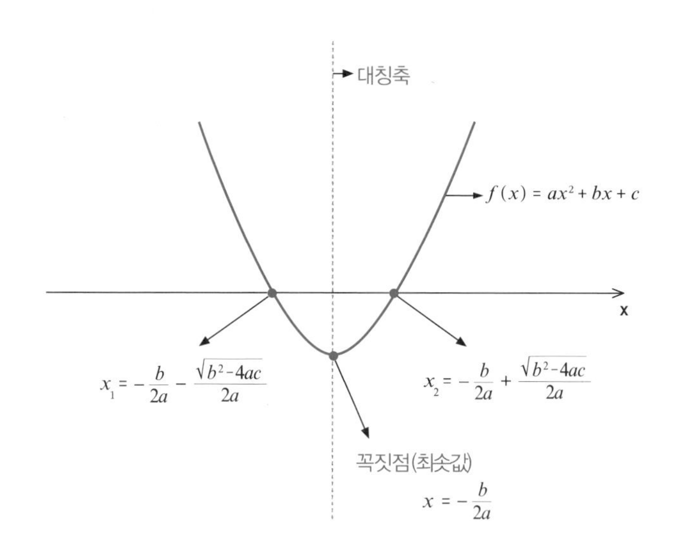

그래프로 확인할 수 있다시피 근의 공식은 단순히 방정식의 해를 찾을 때만 쓰는 것이 아니라 이렇게 이차함수의 그래프까지 확장해서 사용할 수 있다. 그래프, 최댓값, 최솟값 구하는 게 왜 중요한지는 앞에 NASA의 우주 프로젝트를 예로 들며 설명했으니 여기선 생략하겠다. 이처럼 진정한 의미를 깨닫지 못하고 시험 직전에 달달 외우고 시험 치고 나면 완전 잊어버리는 식으로 공부하면 수학이 쓸모없다고 생각할 수밖에 없다.

우리가 세상에 나가 만나는 많은 난제들은 주제와 방법을 가르쳐주지 않는다. 그리고 세상은 급속도로 바뀌고 있다. 어제의 데이터, 오늘 아침의 데이터, 1시간 전 데이터, 1분 전 데이터가 다 다르다. 한때 모든 사람들이 옳다고 믿었던 것이 하루 아침에 거짓으로 판명되고 새로운 아이디어가 순식간에 그 자리를 차지한다. 이럴 때일수록 수학이 절실하게 필요하다. 패턴을 파악해 미래를 예측하고 주어진 문제를 해결하는 데 필요한 도구들을 수학에서 건질 수 있기 때문이다.

우리가 사교육비를 줄이겠다고 학습량을 줄이는 게 정말 아이들을 위한 것인지도 다시 한번 생각해봐야 한다. 주어진 과제를 스스로 풀었을 때의 성취감이나 어려운 내용을 마침내 자기 것으로 만들었을 때의 보람을 우리가 오히려 빼앗고 있는 건 아닌지 말이다.

그러고 보니 내가 하버드에서 공부하고 있을 때 교습 방법이 특이한 교수가 있었다. 그는 어려운 수식을 칠판 가득 쓰고 증명하라고 시키는 대신 실생활에서 접할 수 있는 일상적인 소재로 다소 엉뚱한 질문을 던지고 어떻게 풀었는지 설명하게 했다. 예를 들면 "강당이 있다. 이 강당에는 무대가 있고 그 앞으로 의자들이 있다. 방사형 구조의 이 강당에는 뒤로 갈수록 더 많은 의자들이 놓여 있다. 제일 앞줄에는 의자가 12개, 다음 줄에는 의자가 16개, 그다음에는 20개, 이런 식으로 총 21줄로 의자들이 놓여 있는 이 강당의 수용 인원은 얼마인가?" 같은 질문이다. 하버드까지 온 대학원생들이 이 문제를 푸는 건 어렵지 않다. 하지만 여기서 급수라는 개념을 끌어내 누구나 이해하기 쉽게 설명하는 건 차원이 다른 일이다.

한국에서 인생의 절반을 살았던 내게 이런 수업 방식은 혼란스러웠다. 나는 미적분학 시험에서 중간고사, 기말고사 모두 만점을 받아 교수한테 불려갈 정도로 계산에 능했지만(당시 교수는 내가 족보라도 구해서 공부한 줄 알았다고 한다.) 종이 위 수학이 아니라 현실 속 수학을 설명하는 데는 부족함이 많았다.

공식을 달달 외워서 문제를 푸는 수학 공부란 가치를 점점 잃어가고 있다. 그건 기껏 고생해 배웠는데 시험이 끝나자마자 증발되어 사라지고 정작 사회에서는 써먹지 못하는 '죽은 수학'이다. 나는 그런 수학을 가르치고 싶지도 않고 그런 수학을 공부하는 방법을 알려주기도 싫다. 나는 내 자식들이 그런 개고생을 하게 두지 않을 것이다. 이 아이의 잠재력을 키워주고 사고력을 증대시키고 꿈을 이루는 데 지렛대 같은 역할을 하는, 그런 수학을 나는 가르치고 싶다. 무엇보다 나처럼 대학 가서 있지도 않는 적분값 찾느라 시간을 허비하고, 소리 높여 자기 의견을 표현하는 학생들 사이에서 기죽고 살게 만들고 싶지 않다.

그럼 어떻게 수학을 공부해야 하는가? 같은 고민을 하는 사람들을 위해 마지막 부를 준비했다. 나는 지난 10여 년 동안 하버드대, MIT, 존스홉킨스 의대 등의 명문대, 그리고 필립스 엑서터 아카데미Phillips Exeter Academy나 필립스 아카데미 엔도버Phillips Academy Andover 같은 명문 사립고에 수많은 제자들을 보냈다. 물론 그중에는 똑똑한 학생도 있었지만 수학을 못해 포기하기 직전의 학생도 있었다. 나는 이탈리아, 중국 등 우리와는 완전히 다른 환경에서 공부하다 온 외국 학생도 가르쳐봤다. 심지어 대학교 진학 후에도 학교에서 가르치는 수학을 따라잡지 못해 내게 배우러 오는 학생도 있었다. 이렇게 다양한 스펙트럼의 학생들을 가르치면서 수학 공부에 대해 나 나름대로 깨달은 바가 있다. 좁은 경험에 근거한 이야기에 불과할지라도 누군가는 이 이야기로 용기를 얻고 도움을 받기를 바란다.

3부

인생을 바꾸는 수학 공부의 정석

07

착각의 세계

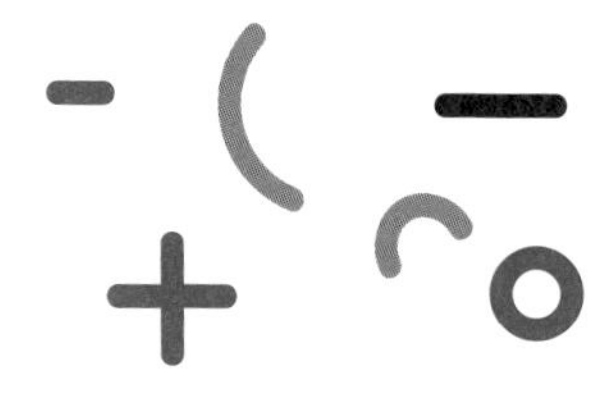

모임에 나가 수학을 가르친다고 소개할 때마다 쏟아지는 질문 세례에 대답하느라 정신이 없다. 우리 아이는 다 잘하는데 유독 수학을 너무 어려워해서 대책이 없다는 걱정, 12년이나 수학 공부를 했는데 왜 하나도 남는 것이 없느냐는 푸념, 틀린 문제 하나당 한 대씩 때렸던 수학 선생 탓이라는 원망까지. 말에 실린 감정은 각각 조금씩 다르지만 결국 같은 질문으로 수렴한다.

"그래서 어떻게 해야 수학을 잘할 수 있는 거야?"

이런 고민을 해결하는 데 조금이라도 도움이 되고 싶어 이 책을 쓰기 시작했지만 지금도 완벽한 정답이 있다고 생각하지는 않는다. 과거 나의 백과사전식 학습법이 다른 사람에게도 통한다고 100퍼센트 확신

할 수 없듯 개개인마다 처한 상황과 이해할 수 있는 수준, 관심 있는 부분, 타고난 조건 등이 다 다르기 때문이다. 그래서 어떤 것이 옳고 그르다고 예언자처럼 칼같이 말하기 어렵다.

그럼에도 용기 내 답을 제시하려는 이유는 일종의 직업병 때문이다. 지난 십수 년간 학부모들과 상담하고 아이들을 가르치면서 이들이 수학 공부에 관해 잘못된 습관과 오해를 가졌음을 수도 없이 목격했다. 특히 본인이나 자녀가 헛똑똑이인 줄 모르고 잘못된 공부법을 고수하는 모습을 보면 가르치는 입장에서 정말 모른 척하기 어렵다.

1부에서는 수학이라는 학문 자체에 대한 논의를, 2부에서는 하버드에서의 경험담을 통해 간접적으로 수학 교육의 방향을 여러분께 전달하고자 했다. 이제 본격적으로 확실한 조언을 해야 할 시점이 온 것 같다. 3부에서는 그간 나와 내 학생들의 경험을 토대로 수학 공부의 이정표가 될 만한 구체적인 방법들을 제시하려 한다.

16세기 철학자 프란시스 베이컨Francis Bacon은 지식 추구를 방해하는 네 가지 착각, 즉 4대 우상(偶像)을 제시했다. 그는 인간 중심적 사고로 인한 착각은 '종족의 우상', 우물 안 개구리라는 말처럼 좁은 경험으로 인한 착각은 '동굴의 우상', (잘못된) 언어로 인한 착각은 '시장의 우상', 권위에 기대서 무비판적으로 수용해 갖게 되는 착각은 '극장의 우상'이라고 각각 명명했다. 이런 베이컨의 통찰을 토대로 내 나름대로 수학 공부를 방해하는 4대 우상을 정리했다. 그동안 여러분의 수학 공부를 방해해온 것들이 무엇인지 알아보는 시간이라고 생각해도 좋다.

종족의 우상 : '정의감'의 부재

수학은 낯설다. 수학은 한정된 자원을 갖고 살아가는 우리의 판단을 돕기 위해 만들어졌지만, 그렇다고 우리의 직관을 고려해 만들어진 학문은 아니기 때문이다. 인간을 초월한 수학을 우리는 다분히 인간 중심적으로 받아들이려 한다. 수학 과목이 유독 싫은 이유는 여기에 있다.

혹시 원의 둘레 공식이 뭔지 생각이 나는가? 원의 둘레는 지름 곱하기 π. 여기서 π는 3.1415926…으로 끝없이 이어지는 무리수다. 솔직히 학교에서는 외우라고 하니까 그냥 외웠다. 하지만 π가 무리수이기 때문에 결국에 우리는 정확한 원 둘레를 구할 수 없다. 이럴 거면 "원의 둘레는 원의 지름의 3배 남짓"이라고 말하는 편이 낫지 않을까?

소수점이 끝없이 이어져 기호로 나타낼 수밖에 없는 것은 π의 잘못이 아니라 인간의 잘못이다. 생각해보면 0에서 9까지 10개의 애매한 숫자로 우주의 모든 양을 정확히 표현할 수 있을 리가 없다. 그러기를 기대하는 것이야 말로 매우 인간 중심적인 생각이다. 우리의 수학이 10개의 숫자를 사용하는 것(십진법)은 단지 인간이 수를 셀 수 있는 손가락이 10개이기 때문이다. 사실 수학이 발달했던 고대에 사람들은 십진법이 아니라 십이진법이나 육십진법을 사용하기도 했다. 오늘날 컴퓨터는 0과 1만 사용하는 이진법을 사용한다.

인간은 만물의 척도가 아니다. 수학의 낯섦을 인정하고 있는 그대로 받아들여야 한다. 큰 수에 대한 인간의 감각이 둔한 탓에 필요했던 로그, 무한히 작은 양이 정확히 뭔지도 모른 채 그 양을 계산하는 미적분 역시 우리에겐 낯선 수학의 모습이다. 자포자기하라는 뜻이 아니다. 인간의 오감이 통하지 않는 수학을 이해하기 위해서 무엇보다 정의definition라는 새로운 감각을 활용하라는 뜻이다. 이것을 우리끼리 '정의감'이라고 부르면 어떨까?

실제로 수학책을 펴면 어떤 개념이 무슨 뜻인지를 설명하는 정의가 맨 처음에 나온다. 이 정의 부분이 수학 공부의 도입부인 동시에 중심이 된다. 그래서 흔히 "수학은 정의로부터 시작하는 학문"이라고 한다.

쉬운 예를 살펴보자. 절댓값 x, 즉 $|x|$의 정의는 수직선 위의 원점으로부터 점 x까지의 거리를 말한다. 보통 수직선의 원점을 0으로 하고 이것을 중심으로 왼쪽으로 가면 음수, 오른쪽으로 가면 양수라고 배운다. 절댓값은 이런 방향은 무시하고 거리의 양만 따지는 개념이다. 그래서 음수의 절댓값을 구할 때는 -1을 곱해서 방향성을 없애버려야 한다. $|x| = x\ (x \geq 0),\ -x\ (x < 0)$. 이런 절댓값의 정의를 이용해 임의의 두 점 x_1과 x_2 사이의 거리를 $|x_1 - x_2| = |x_2 - x_1|$로 나타낼 수 있다. 여기서 문제. $|x - 3| = 5$일 때 x는 얼마일까?

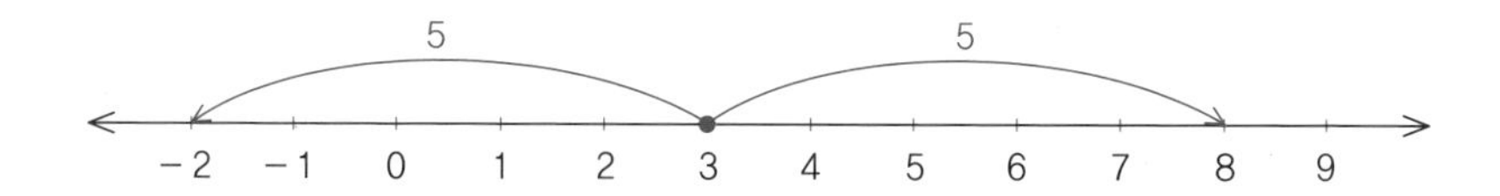

어렵지 않았을 것이다. 절댓값의 정의상 x와 3 사이의 거리가 5라는 뜻이므로 x는 8 또는 -2다. 너무 쉽다고? 그럼 다음 문제도 풀어보자.

> $-1 < a < 3$일 때, $|a+1| + |a-3|$을 간단히 해라.

만약 $2a-2$라고 답했다면 아직은 절댓값의 정의를 아직 완전히 이해하지 못한 것이다. 먼저 $|a+1|$부터 살펴보자. $-1 < a < 3$이면 $a+1$의 범위는 $0 < a+1 < 4$이므로 $a+1$은 양수이다. 따라서 그 값 그대로 받아들이면 된다. 즉 $|a+1| = a+1$이다.

이번에는 $|a-3|$을 살펴보자. $-1 < a < 3$이면 $a-3$의 범위는 $-4 < a-3 < 0$이므로 $a-3$은 음수이다. 여기서는 절댓값이 수직선상 원점으로부터 방향을 무시한 거리라는 정의가 꽤 중요하다. 그리고 앞서 배운 것과 같이 음수의 절댓값을 구할 때는 -1을 곱해야 한다. $|a-3| = -(a-3) = -a+3$. 따라서 정답은 다음과 같다.

$$|a+1| + |a-3| = a+1-a+3 = 4$$

절댓값은 수직선상 두 점 사이의 거리라는 정의와 거리는 무조건 양수 또는 0이라는 간단한 사실을 가볍게 여기면 이런 기본적인 문제도 풀 수가 없다. 초등학교 때 배우는 절댓값도 정의를 놓치면 힘을 못 쓰는데 더 어려운 개념들은 오죽할까? 낯선 수학 공부의 첫 걸음은 우리의 직관, 경험에 꼭 들어맞지 않는 개념들을 정의를 바탕으로 하나하나 이해해나가려는 태도에서 출발한다.

동굴의 우상 : 입시 환경이 좁힌 시야

자의로든 타의로든 수학 공부를 하는 이들은 대부분 입시라는 우물에 갇힌 개구리 신세이다. 그러니 수학이라는 하늘을 제대로 보고 즐길 수 있을 리가 없다. 입시 환경은 수학을 대하는 우리의 자세를 왜곡한다. 출제되는 개념과 그렇지 않은 개념, 4점짜리 문제에 나오는 개념과 3점짜리 문제에 나오는 개념이 어느 정도 구분돼 있기 때문이다.

필요한 개념만 선별해 공부하려는 경향은 한국 학생들에게 유독 두드러지게 나타난다. 확실히 한국 학생들이 문제도 잘 풀고 시험 성적도 좋다. 하지만 이전 선생님들을 고소하고 싶을 만큼 잘못된 태도를 가진 경우가 너무 많다.

한번은 내가 정의역에 대해 설명했다. "정의역은 함수가 정의되는 수의 범위야. 다시 말해 $y=f(x)$에서 x에 넣을 수 있는 수들의 집합이라고 이해하면 돼." 그랬더니 어느 학생이 이렇게 말했다. "아, 선생님. 그럼 정의역에 관한 문제가 나오면 함수 중에 $y=1/x$이나 $y=\sqrt{x}$ 형태의 함수가 정답이라고 생각하면 되겠네요."

아주 틀린 말은 아니다. $y=x$나 $y=x^2$ 같은 함수는 x에 모든 수를 대입할 수 있으므로 문제 풀면서 정의역을 따로 신경 쓸 필요가 없다. 반면 $y=1/x$는 x에 0을, $y=\sqrt{x}$는 x에 음수를 대입할 수 없으므로 정의역이 무엇인지 생각해봐야 한다. 따라서 문제에서 정의역에 대해 운운한다면 그 문제는 $y=1/x$이나 $y=\sqrt{x}$ 형태의 함수들에 관한 문제일 확률이 높다.

하지만 정의역은 고작 이런 문제나 맞추려고 배우는 개념이 아니다. 다음 문제를 살펴보자.

> x, y가 실수이고 $x^2+y^2=1$일 때, $4x+3+y^2$의 최댓값을 구해라.

먼저 $4x+3+y^2$을 x의 함수로 만들기 위해 $x^2+y^2=1$을 다음과 같이 정리한다.

$$x^2+y^2=1 \rightarrow y^2=1-x^2$$

이제 y^2에 $1-x^2$을 대입한다.

$$4x+3+y^2=4x+3+(1-x^2)=-x^2+4x+4$$

이차함수 $f(x)=-x^2+4x+4$의 최댓값만 구하면 되겠구나. 어렵지 않네. 고1 정도만 되어도 이렇게 생각할 것이다. 그리고 다음과 같이 답을 구할 것이다.

$$\begin{aligned} f(x) &= -x^2+4x+4 \\ &= -(x^2-4x)+4 \\ &= -(x^2-4x+4)+8 \\ &= -(x-2)^2+8 \end{aligned}$$

따라서 "$4x+3+y^2$의 최댓값은 8"이라고, 자신 있게 써내려 나갔을 터. 하지만 틀렸다. 왜? "x, y가 실수이고 $x^2+y^2=1$"이라는 조건을 단지 $y^2=1-x^2$으로 바꾸는 도구로만 봤기 때문이다. 가장 먼저 주목해야 했을 것은 "x, y가 실수이고 $x^2+y^2=1$"이면 x의 범위는, 즉 정의역은 $-1<x<1$이 된다는 점이다. 따라서 $f(x)=-(x-2)^2+8$에서 $x=2$를 대입해야 얻을 수 있는 값 8은 최댓값이 될 수 없다. 다음 그래프를 참고해보면 $x=1$일 때 $f(1)=7$이 최댓값이 됨을 확인할 수 있다.

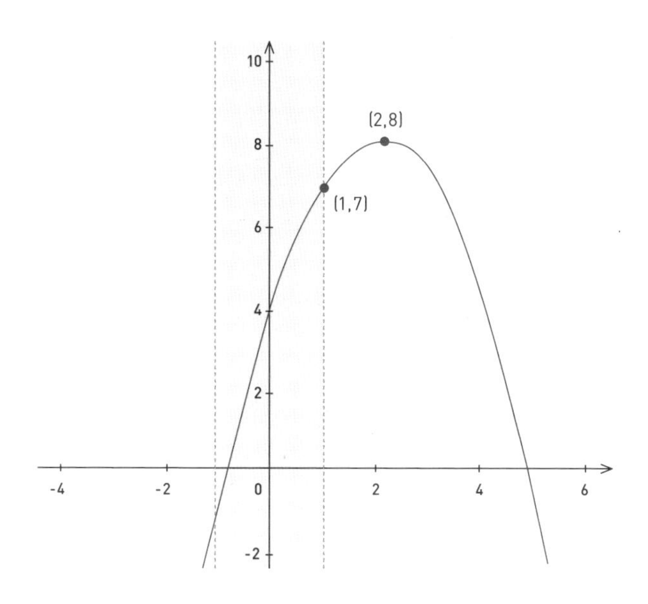

정의역 개념을 제대로 익히면 $y = x^2$, $y = \tan x$, $y = e^x$, $y = \log x$ 같은 함수를 보는 순간 x의 범위부터 따지는 습관을 갖게 된다. 예를 들어 0이나 음수는 로그의 정의상 로그값이 존재하지 않으므로 $y = \log x$의 정의역은 $x > 0$인 실수가 된다.

수학의 선형적 스토리를 간과해서는 안 된다. 수학은 선택과 집중으로 할 수 있는 공부가 아니다. 전체적인 맥락을 알고 선후 개념을 서로 연관지어 공부해야 한다. 가령 점과 점 사이의 거리 공식과 원의 방정식을 피타고라스 정리와 연관지어 생각하는 일은 수학 교과과정상 기하학 단원들의 연속성을 파악해야 가능하다. 새로 접한 공식을 보고 기존에 배웠던 무엇과 연관시킬 건지 파악하는 일이 바로 수학 공부에서 맥락을 읽는 일이다. 맥락을 모르면 이미 배웠거나 앞으로 배워나갈 수학 개념들이 서로 어떻게 연결되는지 통합적으로 사고하지 못한다.

확실한 자기 진단을 위해 문제 하나를 풀어보자. 참고로 중학교 2학년 정도면 풀 수 있는 간단한 문제이다.

문제 1. 다음 중 $\frac{a}{a-b} - \frac{b}{a+b}$와 같은 것은?

① $\frac{a-b}{(a-b)(a+b)}$ ② $\frac{a-b}{(a-b)-(a+b)}$ ③ $\frac{a-b}{a^2-b^2}$ ④ $\frac{a^2+b^2}{a^2-b^2}$

답을 잘 모르겠는가? 그럼 다음 문제를 풀어보자.

문제 2. $\frac{3}{7} - \frac{2}{5}$는?

문제 2는 아마 충분히 풀었을 것이다. 알다시피 분모가 다른 두 분수를 연산하기 위해서 우선 두 분수의 분모를 같게 만들어야 한다.(통분이라 한다.) 이때 곱셈의 항등원 성질이 이용된다. 쉽게 말해 어떤 수에 1을 곱해도 값이 변하지 않는다는 성질을 이용해 3/7에는 5/5 (= 1)를, 2/5에는 7/7(= 1)을 곱해서 35라는 공통분모를 만들고 분자끼리 계산하면 된다.

$$\frac{3}{7} - \frac{2}{5} = \frac{3}{7} \times \frac{5}{5} - \frac{2}{5} \times \frac{7}{7} = \frac{15}{35} - \frac{14}{35} = \frac{1}{35}$$

같은 원리가 분모, 분자가 문자식으로 표현된 문제 1에서도 똑같이 적용된다. 두 분수 $\frac{a}{a-b}$, $\frac{b}{a+b}$의 공통분모를 구하기 위해 $\frac{a}{a-b}$에는 $\frac{(a+b)}{(a+b)}$를, $\frac{b}{a+b}$에는 $\frac{(a-b)}{(a-b)}$를 곱한다.

$$\frac{a}{a-b} - \frac{b}{a+b} = \frac{a}{a-b} \times \frac{(a+b)}{(a+b)} - \frac{b}{a+b} \times \frac{(a-b)}{(a-b)}$$

$$= \frac{a^2+ab}{a^2-b^2} - \frac{ba-b^2}{a^2-b^2} = \frac{a^2+ab-ba+b^2}{a^2-b^2}$$

$$= \frac{a^2+b^2}{a^2-b^2}$$

따라서 답은 4번이다. 통분을 못 하면 문제 1을 풀 수 없다. 그리고 아무리 통분을 잘해도 숫자로 표현된 분수의 연산과, 문자로 표현된 분수의 연산에 똑같은 원리가 적용된다는 사실을 모르면 이 같은 문제를 만났을 때 당황해서 헤매고 만다. 따라서 문제 1을 못 푼다면 두 가지를 자문해봐야 한다. 기초적인 분수의 사칙연산을 수행할 수 있는가? 그리고 분수의 연산 원리를 문자식에도 적용할 수 있는가? 대부분은 후자가 문제일 것이다. 한 개념이 발전해서 어떤 개념으로 이어지는지를 파악하고 푸는 훈련을 한다면 어떤 유형의 문제를 만나도 자신감이 생긴다.

그래서 수학 공부를 할 때 전체 지도를 살펴볼 필요가 있다. 그 지도가 바로 '수학 계통도'다. 수학 계통도란 초등학교부터 고등학교까지 모든 수학 단원이 서로 어떻게 연계되는지를 나타낸 그림이다. 가령 중학교 때 배우는 유리식의 계산은 초등학교 때 배우는 유리수의 계산으로부터 나온다. 반대로 중학교 때 배우는 피타고라스 정리는 고등학교에 가서 더 복잡한 공식들로 파생된다. 이 지도는 인터넷을 조금만 뒤져보면 금방 찾을 수 있음에도 불구하고 교육과정이 어떻게 바뀌는지를 궁금해할 재수생이나 학교 선생님이 아닌 이상 대부분은 큰 관심을 가져본 적 없을 것이다.

특히 초등학교, 중학교 때 선택과 집중을 통해 '스마트하게' 공부해서 성적을 잘 받았던 학생일수록 이런 맥락을 불필요하게 여기는 경향이 강하다. 이런 학생들이 고등학교에 들어가 첫 모의고사, 첫 중간고사를 보고 충격을 받는다. 그렇게 새로운 '수포자'가 탄생한다.

바로 다음에 설명하겠지만 수학 교과과정은 다분히 실용적인 목적 아래 기초 산수부터 현대 수학의 핵심인 미적분까지 매끄럽게 이어진 마라톤 트랙이다. 어차피 달려야 할 길이면 땅만 쳐다보지 말고 고개를 들어 전체 코스를 살펴보는 게 어떨까?

시장의 우상 : '솔루션'에 대한 오해

낯선 용어는 오해를 불러일으켜 지식 습득을 방해한다. 방정식, 함수, 미분, 로그 등 수학에 낯선 용어가 한둘이겠냐만, 여기서는 이보다 근본적인 수준에서 오해하고 있는 용어를 꼬집고자 한다.

수학에서 솔루션solution이라는 말은 방정식의 해를 뜻하기도 하지만 일반적으로는 문제의 '해결'을 뜻한다. 이 의미는 아주 직관적이다. 수학이라는 학문이 현실의 문제들에 대한 효율적인 답을 구하기 위해 발전한 학문인 만큼, 수학의 목적은 주어진 문제를 해결하는 것이기 때문이다. 그래서 수학 문제를 푼다는 말은 현실의 어떤 문제를 수식으로 나타내(수학적 모델링이라 한다.) 그것을 풀어 답을 구함으로써 문제를 해결한다는 뜻이다.

그런데 이 말이 입시 수학에서는 문제 '풀이'라는 말로 바뀐다. 해결과 풀이는 비슷하면서도 그 목적이 전혀 다르다. 중고등학교 내내 수학책에 나열돼 있는 추상화된 문제들을 푸는 것은 그 문제를 맞추는 것 자체에 목적을 둔 풀이다. 이러니 "수학이 대체 무슨 쓸모가 있는가?" "사는 데 전혀 도움이 안 된다" 같은 소리가 나올 수밖에 없다.

그렇다면 '풀이'가 아닌 '해결'은 어떻게 배울 수 있을까? 미국 최고의 사립학교 중 하나인 필립스 엑서터 아카데미는 수학 교육이 아주 수준 높은 학교로 유명하다. 확률론, 선형대수학, 다변수미적분학 같은

11. A vector $\mathbf{v}$ of length 6 makes a 150-degree angle with the vector $[1, 0]$, when they are placed *tail-to-tail*. Find the components of $\mathbf{v}$.

12. Why might an Earthling believe that the sun and the moon are the same size?

13. Given that $ABCDEFGH$ is a cube (shown at right), what is significant about the square pyramids $ADHEG$, $ABCDG$, and $ABFEG$?

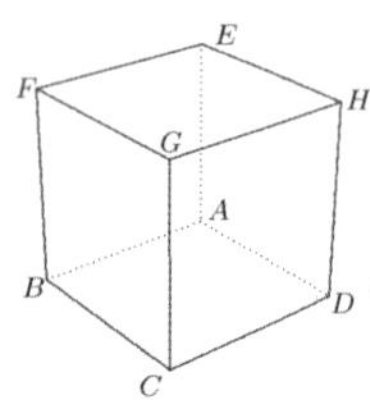

14. To the nearest tenth of a degree, find the size of the angle formed by placing the vectors $[4, 0]$ and $[-6, 5]$ tail-to-tail at the origin. It is understood in questions such as this that the answer is smaller than 180 degrees.

15. The angle formed by placing the vectors $[4, 0]$ and $[a, b]$ tail-to-tail at the origin is 124 degrees. The length of $[a, b]$ is 12. Find a and b.

16. Flying at an altitude of 39 000 feet one clear day, Cameron looked out the window of the airplane and wondered how far it was to the horizon. Rounding your answer to the nearest mile, answer Cameron's question.

17. A triangular prism of cheese is measured and found to be 3 inches tall. The edges of its base are 9, 9, and 4 inches long. Several congruent prisms are to be arranged around a common 3-inch segment, as shown. How many prisms can be accommodated? To the nearest cubic inch, what is their total volume?

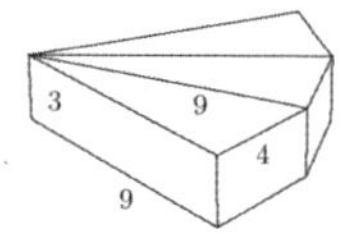

18. The Great Pyramid at Gizeh was originally 483 feet tall, and it had a square base that was 756 feet on a side. It was built from rectangular stone blocks measuring 7 feet by 7 feet by 14 feet. Such a block weighs seventy tons. Approximately how many tons of stone were used to build the Great Pyramid? The volume of a pyramid is one third the base area times the height.

19. Pyramid $TABCD$ has a 20-cm square base $ABCD$. The edges that meet at T are 27 cm long. Make a diagram of $TABCD$, showing F, the point of $ABCD$ closest to T. To the nearest 0.1 cm, find the height TF. Find the volume of $TABCD$, to the nearest cc.

20. (Continuation) Let P be a point on edge AB, and consider the possible sizes of angle TPF. What position for P makes this angle as small as it can be? How do you know?

21. (Continuation) Let K, L, M, and N be the points on TA, TB, TC, and TD, respectively, that are 18 cm from T. What can be said about polygon $KLMN$? Explain.

22. A wheel of radius one foot is placed so that its center is at the origin, and a paint spot on the rim is at $(1, 0)$. The wheel is spun 27 degrees in a counterclockwise direction. What are the coordinates of the paint spot? What if the wheel is spun θ degrees instead?

대학 수학을 학생들에게 가르칠 정도다. 그런데 특이하게도 이 학교에는 수학 교과서가 없다. 대신 자체적으로 만든 문제집을 사용하는데, 처음부터 끝까지 매 쪽마다 문제만 가득하다.(162쪽 그림 참조) 해결의 실마리가 될 힌트나 공식은 전혀 찾아볼 수 없다.

이 문제집은 가장 쉬운 단계부터 시작해 뒤로 갈수록 점점 더 어려워진다. 학생들은 문제가 내포하고 있는 주제가 무엇인지 파악하고 여러 수학 개념들을 조합해 스스로 답을 찾아내야 한다. 이런 학습은 방금 전에 알려준 특정 개념을 바로 대입하는 것이 아니라, 머릿속에 있는 여러 개념 중에서 당장 이 문제를 위해 적용할 수 있는 것이 무엇인지 고민하게 만든다.

이것을 우리도 당장 도입하자는 이야기가 아니다. 단지 미국 최고의 사립학교가 이런 방식을 채택하고 있는 이유를 한번 생각해보자는 뜻이다. 수학을 부담 없이 공부하기 위해서는, 그리고 그 지식을 쌓는 일이 쓸모없는 일이 아님을 깨닫기 위해서는 '풀이' 대신 '해결'의 차원에서 개념에 접근해야 한다. 가령 이차함수를 처음 배울 때 다음과 같이 해결해야 할 현실의 상황을 가정해보자.

> 집의 한쪽 벽을 울타리 삼아 직사각형 모양의 닭장을 만들려고 한다. 내게는 60미터의 울타리 재료가 있다. 이때 울타리의 가로, 세로 길이를 얼마로 해야 닭장을 가장 넓게 만들 수 있을까?

울타리가 세 부분으로 분리되므로 각각 20미터씩 잘라 이어붙이면 될 것 같은가? 물론 하루 빨리 닭장을 만들어야 한다면 이렇게 대충 계산해 결론을 내리는 게 중요하다. 하지만 그렇게 시급하지 않다면 닭을 최대한 많이 기를 수 있게 가진 재료로 가장 넓은 울타리를 치는 것이 경제적이다.

이 문제를 실제로 풀어보면 다음과 같다. 집의 한쪽 벽을 울타리로 활용하므로 나머지 세 면만 울타리로 쳐서 막으면 된다. 그림에서 세로의 길이를 x라고 하면 가로의 길이는 $60-2x$이다. 넓이를 y라고 하면 다음과 같은 이차함수를 얻을 수 있다.

$$y = x(60-2x)$$

이차함수의 최댓값 구하는 과정을 활용해 답을 구하면 가로 30미터, 세로 15미터일 때 닭장 넓이는 450제곱미터로 최대가 된다. 앞서 울타리 한 면이 각각 20미터였을 때는 그 넓이가 400제곱미터였다. 수학 머리를 조금 굴렸을 뿐인데, 추가로 재료를 사오지 않고도 닭장을 무려 50제곱미터나 넓혔다!

이 문제는 사소해 보이지만 한정된 재화를 가장 효율적으로 사용하는 방법이 무엇인가 하는 중요한 고민을 담고 있다. 인간이 쓸 수 있는 재화는 늘 한정돼 있다. 그리고 역사상 한정된 재화를 누가 얼마큼 쓸 것인가 하는 문제는 수많은 갈등, 분쟁, 반목의 원인을 제공했다.(석유를 두고 중동과 미국이 힘겨루기를 하는 상황을 떠올려보자.) 따라서 어떻게 효율적으로 재화를 사용하고 또 분배할지에 대한 논의는 아주 중요하다. 수학은 이런 문제를 해결하는 데 도움이 된다.

하지만 우리의 수학 교실은 어떤가? 선생님이 시켜서 이차방정식의 근의 공식을 억지로 외우기는 했는데 이걸 어디다 어떻게 응용할 수 있는지 한 번이라도 생각해본 적이 있는가? 문제를 위한 문제들을 수도 없이 풀면서 기계적인 풀이 능력은 갖췄지만 정작 그 수학을 가지고 현실에서 마주하는 난제는 하나도 해결할 수 없다면? 그 엄청난 노력과 시간은 무엇으로 보상받아야 하는가? 그런데도 풀이 하나, 공식 하나 더 외우는 게 중요하다고? 수학의 진정한 목적을 이해하는 시간은 결코 낭비되는 시간이 아니다.

극장의 우상 : 무비판적인 암기 습관

수학의 목적과 본 모습은 뒤로한 채 시험을 위한 최소한의 요령만 공부하려는 이유는 무엇일까? 그 요령만 익히기에도 수학은 어렵기 때문이다. 그래서 수학은 일반적으로 정복하기가 가장 어려운 과목 중 하나다. 이것이 수학에 쓸데없는 권위를 부여한다. 그래서 우리는 본능적으로 수학이 하는 말, 수학책에 적힌 '말씀'을 마치 성경 구절처럼 외우려 한다. 무비판적인 암기. 흔히 말하기를 '닥치고 외우기.' 이것이 당신이 극복해야 할 마지막 우상이자 고질병이다.

인간은 새로운 것을 배울 때 크게 두 가지 방법을 사용한다. 그냥 외우기와 이해하고 외우기. 이 둘은 제각기 쓸모가 있다. 수학의 첫 걸음이라고 할 수 있는 덧셈과 뺄셈, 구구단 등은 그냥 외우면 된다. 이것들은 인간이 스스로의 필요에 따라 임의로 만들어놓은 약속이므로 따로 의문을 가질 필요가 없다. 누가 당신에게 1 + 2가 왜 3인지 묻는다면 어떻게 대답할 것인가? 단지 자연수를 가장 작은 수부터 1, 2, 3, … 이라는 기호로 정의하고 1개보다 2개만큼 큰 수량을 1 + 2로 나타내기로 약속했는데 이것이 정확히 3개와 똑같을 뿐이다. 반면 5장에서 언급했던 무한등비급수의 합 $S = a/(1-r)$는 유도 과정을 이해하고 외워야 의미가 있는 공식이다.

물론 초등학교 수학 수준에서는 암기가 더 효율적일 수도 있다. 하지만 고등학생이 되면 상황이 달라진다. 외워야 할 '말씀'이 중학교 때와는 비교할 수 없을 만큼 많아지기 때문이다. 게다가 외워도 정작 어떻게 써먹어야 할지를 몰라 좌절하고 만다. 그래서 애초에 이해를 바탕으로 한 비판적이고 능동적인 암기 습관을 가져야 한다. 그렇게 하지 않으면 조만간 뇌에 과부하가 걸린다.

한 예로 학생 지도 사례 하나를 소개하려 한다. 내게 미적분을 배우던 학생이 있었다. 미적분 심화 과목에서 A를 받을 만큼 실력이 좋은 친구였다. 그런데 놀랍게도 SAT 수학 시험에서는 800점 만점에 700점도 안 나오는 것 아닌가? 다른 비슷한 수준의 학생들은 아무리 못 받아도 780점은 받는데 600점대 점수를 받아 오길래 적잖이 당황했다.

그런데 가르치다 보니 이 친구, 암기의 천재였다. 지금까지 공식은 물론, 그 공식을 응용한 연습 문제를 거의 외우다시피 해서 수학을 공부했다고. 미국에서도 소위 '내신 족보'라는 것이 있기에 가능한 일이었다. 문제는 SAT 수학이 학교 내신과 달리 서술형이라는 점이다. 예를 들어 SAT 대비 모의고사 문제집에 이런 문제가 나온 적이 있었다.

> 휴대폰 수리공은 고장난 휴대폰을 매주 108개 수리해야 한다. 그리고 하루에 22개를 고칠 수 있다. 이 수리공은 월요일에 일을 시작해서 수요일까지 작업을 했다. 그렇다면 앞으로 몇 개의 휴대폰을 더 고쳐야 할까?

이 문제는 일차함수 관련 기본 문제이다. 작업 일수를 x, 남은 휴대폰 개수를 y라고 하면 다음과 같은 함수를 만들 수 있다.

$$y = -22x + 108$$

x에 곱해진 -22는 하루에 22개씩 고장난 휴대폰이 줄어듦을, 108은 처음 휴대폰의 개수를 의미한다. 월요일부터 수요일까지 3일 동안 작업을 했으니 $x = 3$을 대입하면 $y = 42$, 즉 42개가 아직 남아 있음을 알 수 있다.

그런데 이렇게 간단한 문제를 두고 대학 미적분 문제를 척척 풀던 그 학생이 쩔쩔매는 것 아닌가? 그 모습을 옆에서 지켜보며 수학을 이렇게나 잘못 배울 수 있음에 기가 찼다. 더 안타까운 것은 이 학생이 엄청난 노력파라는 사실이다. 매일매일 성실하게 공식들을 외우고 문제들을 풀어왔을 터다. 하지만 SAT 성적만 보고 판단했을 때 그 학생의 수학 실력은 가장 쉬운 서술형 문제조차 손대지 못하는 수준에 불과하니 이처럼 허무한 것이 또 어디 있을까.

유명 강사들의 유튜브 강의나 문제집, 참고서 등을 보면 원리를 설명해주지 않고 단순히 풀이 과정을 패턴화해 간단명료한 공식으로 만들어 암기하게 하는 경향이 없지 않다. 물론 수학을 암기 과목처럼 접근하는 것은 빠르게 성적을 올리는 데 어느 정도 효과가 있다. 처음에는 답 맞추는 재미라도 있을지 모른다. 하지만 이런 식으로 하다 보면 중학교 때는 근의 공식부터 삼각함수 공식까지 최소 수십 개는 외워야 할 것이고, 고등학교 때는 미적분까지 포함해 수백 개는 외워야 할 것이다. 이런 접근법은 공부량을 불필요하게 기하급수로 늘린다. 그러다가 어느 순간 공부량이 뇌 용량의 임계치를 넘어버리면, 학생들은 수학에서 손을 놓는다. 그리고 평생을 수학과 담을 쌓고 지낸다.

한국도 암기 위주의 수학 공부를 지양하는 추세라고 알고 있다. 대입 수리 논술에 대해서는 말할 필요도 없고, 학교 시험에서도 서술형 문제의 출제 비중이 점점 높아지고 있다. 대입 수능 역시 풀이 과정을 직접 평가하지는 않지만, 풀이 능력만으로는 20점을 넘기기 힘든 시험이다. 요령을 익혀 시험 문제에 영리하게 대처하는 것도 중요하지만, 그보다 중요한 것은 주어진 상황을 수학적으로 표현해 따져보려는 노력이다.

수학의 권위에 '쫄면' 그저 알려주는 대로 무비판적으로 수용하게 된다. 하지만 수학은 그렇게 외워서 할 수 있는 공부가 아니다.

아는 것이 힘이다

"아는 것이 힘이다." 프란시스 베이컨의 묘비명이다. 네 가지 우상을 극복하고 과학적 지식을 추구할 때 세상을 바꿀 수 있는 힘을 갖게 된다는 뜻이다. 미래에 필요한 수학 지식을 얻으려 해도 마찬가지다. 수학을 대하는 서툰 자세, 입시에 치중한 공부 습관, 잘못된 목적 의식, 통째로 외우려 드는 무모함. 이 네 가지를 버리지 못하면 수학을 제대로 공부하기 힘들다.

8

수학에 이기는 방법

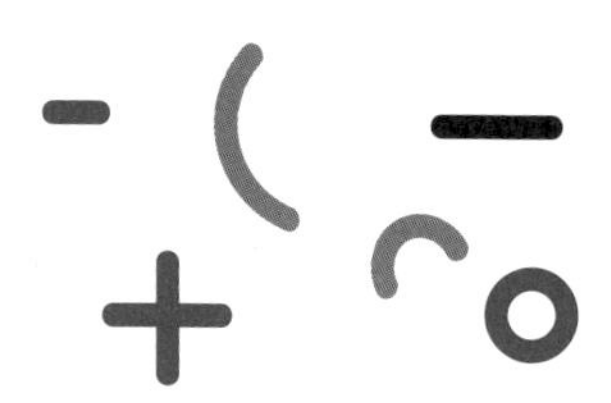

폴 스톨츠Paul G. Stoltz는 자신의 책 『위기대처능력 AQ』에서 역경을 대하는 자세에 따라 사람을 세 유형으로 분류한다.

(1) 겁쟁이Quitter

: 힘든 문제에만 부딪치면 포기하고 도망가는 유형

(2) 캠핑족Camper

: 도망가지는 않지만 그 자리에 주저앉아 현상 유지만 하는 유형

(3) 등반가Climber

: 역경을 만나도 포기하지 않고 반드시 극복하는 유형

잘 보면 등산에 비유하고 있는데 공교롭게 수학 공부도 이와 비슷하다. 에베레스트산을 수도 없이 올라본 엄홍길 대장이라도 산 입구에서 축지법을 써서 산 중턱이나 정상에 한번에 갈 수는 없다. 그저 한 걸음 한 걸음 쉬지 않고 내딛을 뿐이다. 물론 에베레스트산 등반에 성공하려면 철저한 계획, 수많은 사전 답사, 그리고 엄청난 체력 훈련이 필요하다. 하지만 가장 중요한 한 가지를 꼽는다면 그냥 정상에 도착할 때까지 멈춰 서거나 뒷걸음치지 않고 꾸준히 오르는 것이리라.

수학도 마찬가지다. 수학을 잘하고 싶은가? 그렇다면 앞선 세 유형 중 등반가가 돼라. 산을 오르는 것은 결국 본인이다. 다만 나는 먼저 그 길을 올라본 선배로서 좀 더 효율적으로 올라가는 팁을 알려줄 수 있을 뿐이다. 현명한 체력 안배, 알맞은 등산화, 적절한 수분과 당분 보충, 안전한 등산 스틱 사용에 대해 잘 아는 사람이 상대적으로 빠르고 쉽게 정상에 도달할 테니까. 마찬가지로 수학에 왕도(王道)는 없어도 정도(正道)는 있다.

하나, 수학 계통도를 보며 개념 간 연결 고리를 파악하라

정상의 자리에 선 최고의 선수들은 하나같이 매일 자신의 경기를 복기하고 또 앞으로 있을 경기를 머릿속에서 미리 상상한다고 말한다.

NASA에서는 로켓 하나를 쏘아 올리기 위해 무수히 많은 경우의 수를 조합해 수십, 수백 가지 발사 조건을 컴퓨터로 시험한다.

우리가 오르려는 수학이란 이름의 높은 산도 마찬가지다. 에베레스트산을 오르기 전 매일 지도를 보며 등반 경로를 점검하고 날씨 등의 변수에 대비하듯, 우리도 매일 지도를 보며 내가 지금 어디쯤 왔고 어디로 가고 있는지 수시로 점검해야 한다.

끝을 볼 수 없는 깜깜한 터널을 지나가는 것이 왜 힘들까? 터널을 벗어날 수 있는 건지 의심이 들거나 도대체 어디까지 걸어야 하는지 모르기 때문이다. 확신이 없으면 몸이 금방 지치고 걸음은 느려진다. 하지만 이미 터널의 구조를 알고 있고 그래서 끝이 어딘지도 기억하고 있다면, 지쳐 포기하는 일은 없지 않을까? 내가 수학을 가르칠 때 가장 먼저 학생들에게 보여주려는 것이 바로 그런 큰 그림이다. 너무도 많고 다양한 개념들에 파묻혀 도저히 그 끝을 알 수 없다면 안 그래도 힘든 공부를 해야 하는데 도저히 의욕이 생기지 않는다. 시작과 끝을 알아야 스스로 뭘 채워야 하는지 알 수 있다.

사실 우리는 이런 길잡이 노릇을 해줄 훌륭한 지도를 언제, 어디서든 손에 넣을 수 있다. 그것이 바로 앞서 말한 수학 계통도다. 꼭 내가 만든 것이 아니어도 좋다. 인터넷에 검색해보면 날고 긴다는 선생님들이 만들어놓은 계통도가 많다. 그중 디자인도 예쁘고 보기에도 좋은 걸 하나 출력해 반드시 책상 옆, 눈에 잘 띄는 곳에 부착해놓자. 그리고 수학 공부를 하기 전, 꼭 한 번씩 들여다보자.

어디로 가야 하는지, 어떻게 가야 하는지 알려면 가장 먼저 자신이 어디에 있는지 알아야 한다. 현 좌표가 나와야 방향과 거리가 나오고 그래야 방법과 시간이 나온다. 수학의 정상에 오르기 위해서는 어떤 개념도 놓치거나 약한 부분이 있어서는 안 된다. 그렇기 때문에 계통도를 보며 내가 뭘 할 줄 알고 뭘 잘 모르는지 정확히 파악해 부족한 부분을 보완해야 한다.

그래서 결국 오르려는 봉우리는 무엇일까? 그곳은 우리의 지도에도 명확히 표시돼 있다. 전 세계 초중고 수학 교육은 그 봉우리를 명확히 정해놓고 하부 개념을 세분화해 그 내용들을 교육과정 속에 난이도와 선형성을 고려해 쪼개놓은 형식이다. 그 봉우리란 바로 미적분을 이해할 수 있는 단계, 나아가 미적분의 기초 단계이다. 미적분에 관해서는 뒤의 부록에서 더 자세히 다룰 것이므로 여기서는 간략히 살펴보겠다.

미분은 어떤 양의 순간적인 변화율을 나타낸다. 차를 타고 움직일 때 최종적으로 이동한 거리와 걸린 시간을 알면 평균 속도(=총 이동 거리/총 시간)를 구할 수는 있지만, 매 순간 속도를 알 수는 없다. 자동차 계기판이나 GPS로 알 수 있는 순간 속도는 미분 계산의 결과이다. 순간 속도를 매우 짧은 시간 동안의 평균 속도로 보고 찰나의 이동 거리를 찰나의 걸린 시간으로 나눈다. 이것을 "거리를 시간으로 미분해 속도를 구한다."라고 표현한다. '찰나'라는 것을 수학적으로 해석하고 계산하기 위해 미분이라는 개념이 나온 것이다.

적분은 미분의 역연산이다. 어떤 양의 미분은 지금 당장 변하고 있는 양상을 말하므로 이 변화 양상을 반영해 계산을 거꾸로 하면, 미래 어느 시점까지 변화될 양을 구할 수 있다. 속도가 일정하다면 거기에 이동 시간을 곱해 쉽게 거리를 계산할 수 있지만, 속도가 매 순간 변한다면 매 순간의 속도로 순간의 시간 동안 나아간 짧은 거리들을 누적해 총 이동 거리를 계산해야 한다. 이것을 "속도를 시간으로 적분해 거리를 구한다."라고 표현한다.

대부분의 자연현상뿐만 아니라 금융시장과 같이 인간이 만들어낸 많은 사회현상이 신기하게도 미적분으로 해석된다. 그래서 현대 수학은 대부분 미적분을 기반으로 두고 있다. 그런데 순간, 찰나 같은 개념을 수학적으로 다루기 위해서는 극한과 무한을 먼저 배워야 한다. 그리고 미적분 계산의 대상이 되는 거리, 속도 등은 모두 함수로 표현되므로 중학교 때 배우는 함수 전반을 이해하고 있어야 한다. 방정식, 문자와 식, 사칙연산도 기본으로 알고 있어야 한다. 사칙연산 – 방정식 – 함수 – 미적분으로 이어지는 선형성이 보이는가? 수학을 잘하려면 이 선을 외줄타기하듯 타고 가야 한다. 우회로는 없다. 좀 더 쉽고 명확하게 이 선형성을 확인하고 싶은 독자라면 6개의 핵심 줄기로 초중고 수학 전체를 파악할 수 있게 내가 직접 지도를 그려봤으니 다음 쪽에서 확인하길 바란다.

• 수학 계통도 TREE OF MATHEMATICS •

초등 수학부터 고등 수학까지 6개 핵심 줄기로 한 번에 꿰는 수학의 지도

대수학Algebra ▶▷▶ 미적분Calculus

	초등 · 중등 수학			고등 수학	
BRANCH 1	정수와 유리수 그리고 사칙연산 Integer, Rational Number and Operations →	유리수와 순환소수 → Rational Number and Repeating Decimals	제곱근과 실수 → Square Root and Real Number	지수와 로그 → Exponent and Logarithm	지수함수와 로그함수 → 미적분으로 연결 Exponential and Logarithmic Function
BRANCH 2	소인수분해 → Factorization 최대공약수 Greatest Common Factor, GCF 최소공배수 Least Common Multiple, LCM	• 다항식의 인수분해 → Factorization of Polynomial Equation • 이차방정식과 풀이 Solving Quadratic Equation • 이차방정식의 근의 공식 Quadratic Formula	이차방정식의 그래프와 성질 → Quadratic Graph and Properties	• 평면좌표 → Rectangular Coordinate • 직선의 방정식 Linear Equation • 원의 방정식 Circle Equation • 도형의 이동 Translation of Shapes • 부등식의 영역 Interval of Inequalities	• 이차곡선Quadratic Curve • 평면곡선의 접선 Conic Equations and Tangent Line • 벡터의 연산 Vector Operation • 평면벡터의 성분과 내적 Vector properties and Dot product • 평면운동 Velocity and Acceleration in Vector field • 공간도형Space figure • 공간좌표 Three Dimensional Coordinate • 공간벡터 Space Vector Rectangular Coordinate
BRANCH 3	문자와 식 → Variable and Expression 일차방정식의 풀이와 활용 Solving and application of Linear Equation	• 단항식의 계산 → Calculation of Monomial • 다항식의 계산 Calculation of Polynomial • 연립일차방정식과 응용 Linear System Solving and Application • 일차부등식과 연립일차부등식 Linear inequality and Linear inequality System	• 다항식의 인수분해 → Factorization of Polynomial • 이차방정식과 풀이 Solving of Quadratic Equation • 이차방정식의 근의 공식 Quadratic Formula	• 다항식의 연산 → Polynomial Operation • 나머지정리Remainder Theorem • 인수분해Factorization • 복소수와 이차방정식 Complex number and Quadratic Equation • 이차방정식과 이차함수 Quadratic Equation and Function • 여러 가지 방정식과 부등식 Various equation and inequality	함수로 연결
BRANCH 4	함수, 함수의 그래프와 활용 → Function, Function Graph and Application	• 일차함수의 그래프 → Linear Function and Graph • 일차함수와 연립방정식의 관계 Relation of Linear Function and Linear System solving	• 이차함수와 그래프 → Quadratic Function • 이차함수의 성질 Characteristics of Quadratic Function	• 함수Function → • 유리함수Rational Function • 무리함수Irrational Function • 등차수열Arithmetic Sequence • 등비수열Geometric Sequence • 수열의 합Series • 수학적 귀납법Inductive Reasoning	• 지수함수와 로그함수 Exponential Function and Logarithmic Function • 지수함수와 로그함수의 미분 Exponential and Logarithmic Differentiation • 여러 가지 미분법 Differentiation Technics • 도함수의 응용 Application of Derivative Function • 여러 가지 적분법Integral Technics • 정적분의 활용Definite Integral • 삼각함수의 뜻과 그래프 Definition of Trigonometric Functions and their Graphs • 삼각함수의 미분 Differentiation of Trigonometric Function

기하학Geometry

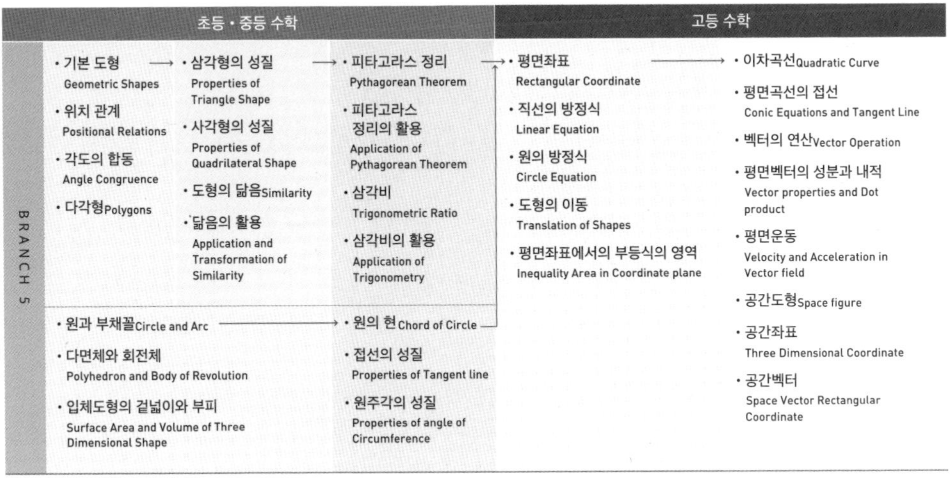

	초등·중등 수학			고등 수학	
BRANCH 5	• 기본 도형 Geometric Shapes • 위치 관계 Positional Relations • 각도의 합동 Angle Congruence • 다각형Polygons	→ • 삼각형의 성질 Properties of Triangle Shape • 사각형의 성질 Properties of Quadrilateral Shape • 도형의 닮음Similarity • 닮음의 활용 Application and Transformation of Similarity	→ • 피타고라스 정리 Pythagorean Theorem • 피타고라스 정리의 활용 Application of Pythagorean Theorem • 삼각비 Trigonometric Ratio • 삼각비의 활용 Application of Trigonometry	→ • 평면좌표 Rectangular Coordinate • 직선의 방정식 Linear Equation • 원의 방정식 Circle Equation • 도형의 이동 Translation of Shapes • 평면좌표에서의 부등식의 영역 Inequality Area in Coordinate plane	→ • 이차곡선Quadratic Curve • 평면곡선의 접선 Conic Equations and Tangent Line • 벡터의 연산Vector Operation • 평면벡터의 성분과 내적 Vector properties and Dot product • 평면운동 Velocity and Acceleration in Vector field • 공간도형Space figure • 공간좌표 Three Dimensional Coordinate • 공간벡터 Space Vector Rectangular Coordinate
	• 원과 부채꼴Circle and Arc • 다면체와 회전체 Polyhedron and Body of Revolution • 입체도형의 겉넓이와 부피 Surface Area and Volume of Three Dimensional Shape		→ • 원의 현Chord of Circle • 접선의 성질 Properties of Tangent line • 원주각의 성질 Properties of angle of Circumference		

확률과 통계 Probability & Statistics

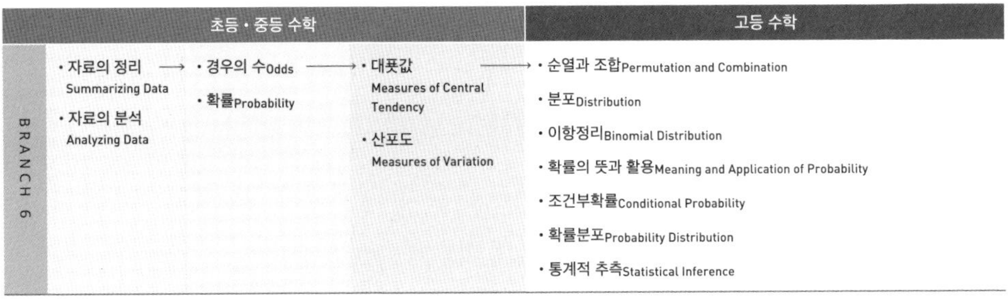

	초등·중등 수학			고등 수학
BRANCH 6	• 자료의 정리 Summarizing Data • 자료의 분석 Analyzing Data	→ • 경우의 수Odds • 확률Probability	→ • 대푯값 Measures of Central Tendency • 산포도 Measures of Variation	→ • 순열과 조합Permutation and Combination • 분포Distribution • 이항정리Binomial Distribution • 확률의 뜻과 활용Meaning and Application of Probability • 조건부확률Conditional Probability • 확률분포Probability Distribution • 통계적 추측Statistical Inference

수학 계통도 © 정광근, 『나의 하버드 수학 시간』

그렇다고 지레 겁먹지는 말자. 산을 보면 정상 부분은 가파르지만 아래쪽은 완만하다. 즉, 약간의 노력을 통해 얼마든지 중위권 이상의 성적을 올릴 수 있다는 말이다. 지금까지 수학에 너무 자신이 없어 고등학교 가면 어떡하나 한숨 쉬는 중학생부터 내년이면 고3인데 그냥 수학을 포기할까 걱정하는 고2까지 누구도 늦지 않았다. 아니, 고3이라도 늦지 않았다.

오늘부터 계통도를 보고 하부 개념부터 하나씩 해결해나가자. 유대교 전승에 노아가 하나님께 처음 방주를 지으라는 명령을 듣고 가장 먼저 한 일이 나무를 심는 거였다. 처음부터 어려운 수학 문제를 기초 없이 막 풀려고 하면 외울 수밖에 없다. 시작하자. 내가 직접 내딛는 발걸음 하나는 아주 사소할지언정 가장 중요하다.

둘, 기초 쌓기엔 개념서 다독보다 문제 풀이가 더 좋다

2002년 월드컵 4강에 빛나는 대한민국 축구 국가대표팀을 이끈 명장, 거스 히딩크 감독은 혹독한 체력 훈련을 시킨 것으로 유명하다. 유럽에서 온 감독이니 뭔가 특별한 축구 기술을 가르칠 것이라 기대했던 대표팀 선수들은 처음에 이 체력을 키우는 훈련에만 엄청난 시간을 할애했다고 회고했다. 그전까지 우리나라 축구는 체력이 강하고 기술이 약하다는 생각이 지배적이었다. 하지만 히딩크 감독은 전혀 다른 진단을 내렸다. 그는 오히려 압박 축구를 하기 위한 강한 체력이 준비되어 있지 않다고 봤다. 그렇게 기초 체력 훈련을 마친 선수들은 월드컵 이후에도 영국, 독일, 터키, 네덜란드 등 해외 축구 리그에 진출해 자신의 역량을 맘껏 뽐냈다.

다른 스포츠도 마찬가지다. 테니스나 탁구를 처음 배우는 사람은 서브와 스매시만 지루할 정도로 반복한다. 수영을 처음 배우는 사람은 하루 종일 벽만 잡고 뜨는 자세를 연습한다. 격투 무술을 배우는 사람은 낙법이나 스텝부터 배운다. 많은 초심자들이 이 지겨움을 견디지 못하고 포기하고 만다. 하지만 이런 준비 없이 다음으로 넘어갈 수 없다. 일단 몸이 준비되어 있지 않기 때문에 다치기 쉽다.

그럼 수학에서 기초 체력이란 무엇일까? 많은 사람들이 빠르고 정확하게 계산하는 능력을 말할 것이다. 맞는 말이다. 수학은 여러 사례로부터 공통된 규칙을 찾는 학문이고, 그중 사칙연산을 포함한 대수학의 원칙을 숙지하는 것은 다른 규칙으로 나아가기 위한 기본 중 기본이니까. 그리고 이런 기초 체력을 키우는 가장 좋은 방법은 반복이다.

다만 이 지점에서 꼭 당부하고 싶은 말이 하나 있다. 욕심 내면 다친다. 각자의 수준에 다라 기초의 범위와 강도가 다르다. 마라톤 풀코스를 뛰는 사람과 마라톤 하프코스를 뛰는 사람, 그리고 평생 마라톤을 한번도 해보지 않은 사람을 데리고 기초 훈련을 같은 수준으로 할 수 없다. 아마 그렇게 하면 난생처음 마라톤에 도전하는 초보자는 경기에 나가기도 전에 무리한 연습으로 발목을 삐거나 몸져누울 것이다. 그런 의미에서 특히 시험 고득점을 위해 기출 문제만을 맹목적으로 풀고 또 푸는 것은 경계해야 한다.(제발!)

잠시 이야기가 샜지만 다시 본론으로 돌아와서, 그렇다면 어떻게 기초를 연습하면 될까? 저학년은 구몬 등의 학습지를 이용하는 것도 방법이다. 영어의 알파벳을 익히듯 숫자와 계산에 대한 감각을 단련하는 데 좋다. 사칙연산을 할 단계라면 미국에서 사용하는 교재인 이시도어 드레슬러Isidore Dressler의 『대수학 1Algebra 1』, 『대수학 2Algebra 2』, 『기하학Geometry』을 추천한다. 연습 문제가 많아서 자습용으로도 안성맞춤이다. 고등학생에게는 로버트 블리처Robert Blitzer의 『미적분학 기초Precalculus』와 제임스 스튜어트James Stewart 교수의 『미적분학Calculus』을 추천한다. 여기에는 고차함수와 삼각함수, 미적분의 기본 개념에서부터 아주 고난이도의 개념까지 다양한 고등 수학 개념들이 친절하게 설명되어 있고 예제도 다양하게 들어 있다. 영어를 하나도 몰라도 뭘 해야 하는지 알 수 있다. 정 모르겠으면 구글이나 네이버 번역기에게 물어보자. 알아들을 수 있는 정도로 자동 번역을 해준다.(그것도 무료로!) 확률과 통계 쪽에서 미국 학생들이 참고하는 시험 준비용 교재로는 데이비드 디에스David M. Diez 등이 쓴 『고등 수학 통계 심화편Advanced High School Statistics』이 있으니 필요한 분은 오픈 텍스트북 라이브러리open.umn.edu/opentextbooks란 사이트에서 PDF 파일을 다운받아 확인하길 바란다.

변별력이 필요한 시험에서 출제자는 어떻게든 응시자에게 낯선 문제를 내려고 고민한다. 그 낯선 문제를 해결하려면 시험 범위 내 등장하는 개념들의 활용 규칙을 알고 있어야 한다. 그리고 그 규칙을 알기 위해서는 최대한 다양하고 많은 예제들을 섭렵해야 한다. 그런 의미에서 『수학의 정석』 같은 개념서에만 의존하기보다는 유형별로 기초 예제들을 빼곡히 담은 문제집을 반드시 활용하기를 권장한다. 문법책 하나만 종이가 닳도록 공부해서는 영어 실력이 제대로 늘 리가 없지 않나. 아스팔트 위를 뒹굴지언정 실전 연습에 매진해 결국 금메달을 목에 건 우리나라 봅슬레이팀을 떠올려보자.

공부는 엉덩이로 한다는 말은 전혀 틀리지 않았다. 끈기 있게 무엇인가를 할 때 공부를 잘할 수 있고 결국 성공할 수 있다. 요즘 미국에서는 자녀 교육의 핵심 화두로 이 '끈기perseverance'라는 단어가 떠오르고 있다. 예전에는 탁월한 머리와 거기서 나오는 번쩍이는 아이디어가 성공의 가장 큰 요소라고 생각했다. 하지만 지금은 아이디어 자체보다 아이디어를 실제로 구현하기까지 역경과 실패에 좌절하지 않고 끈질기게 버티는 의지를 더 높게 평가한다. 공부도 그렇다. 어렵다고 쉽게 포기해버리면 결코 내 것이 될 수 없다. 어떻게든 끝까지 해결해나가려는 자세가 필요하다.

셋, 쉬운 문제 여럿보다 어려운 문제 하나를 붙들어라

이제 막 마라톤을 시작한 사람이 처음부터 풀코스를 뛰기는 어렵다.

먼저 동네 한 바퀴를 뛰는 것부터 시작해 10킬로미터, 15킬로미터, 20킬로미터 이런 식으로 조금씩 거리를 늘려나가는 과정이 필요하다. 수학도 마찬가지다. 단순히 공식에 숫자를 대입해 답을 찾는 문제는 일정 수준이 지나면 수학 실력을 늘리는 데 그다지 영향을 미치지 못한다. 수학 1등급을 가르는 킬러 문제들을 풀려면 반드시 난이도가 높은 문제들에 '얻어맞아' 봐야 한다. 그저 그런 문제 풀이만을 매일 반복하다 보면 어느새 1등급 문제를 풀고 있겠지란 생각은 정말 안일하다.

이건 마치 요리 견습생이 매일 양파를 열심히 썰다 보면 어느새 저 셰프처럼 멋진 요리를 할 수 있을 거라고 막연하게 기대하는 것과 같다. 양파 써는 기계도 있을 텐데 굳이 견습생을 부엌에 들여 곁에서 양파를 썰게 하는 이유는 따로 있다. 아마도 선배들이 요리하는 모습을 어깨 너머로 관찰하고, 다들 퇴근한 시간에 부엌을 정리하면서 그 요리들을 직접 해보라는 의미일 것이다.

근육을 늘리려고 열심히 헬스를 해본 적이 있는가? 보통 처음에는 가볍게 아령을 든다. 하지만 마지막 세트 마지막 회차에서는? 팔이 벌벌 떨리고 심장박동이 거세진다. 하지만 여기서 포기해버리면 근육이 생기지 않는다. 그전의 운동은 바로 지금을 위해, 이 '떨림'의 순간에 근육이 한계치를 넘어 커지기 위해 존재한다.

수학에서도 그 '떨림'의 순간을 얼마나 자주 마주했느냐에 따라 최상위권에 가느냐, 못 가느냐가 결정된다. 따라서 개인적으로는 매일 한 문제든 일주일에 하루든 좋으니 일정 간격으로 어려운 문제에 도전하는 시간을 가지라고 하고 싶다. 특히 한국의 경우 제한 시간 내에 빠르게 문제를 푸는 것만 강조하다 보니 많은 학생들과 부모들이 문제의 '양'과 문제 풀이 '속도'에 집착하는 편이다. 물론 하위권 학생들에게는 기본적인 문제를 충분히 숙달해 빠르게 풀어내는 게 의미가 있다. 문제는 어느 정도 레벨이 올라간 학생들도 그 수준에서만 놀려고 한다는 것이다.

물론 사람은 누구나 틀린 답에 그어진 작대기보다는 동그라미를 더 좋아한다. 시험을 쳤으면 낮은 점수보다 높은 점수를 바란다. 중상위권 학생들은 자신이 어느 정도 수학을 한다고 생각하기에 자신이 못 푸는 문제와 대면하는 걸 상당히 자존심 상하는 일로 받아들인다. 하지만 순간의 자존심을 지키겠다고 계속 이런 문제만 반복해 푼다면 영원히 수학 1등급을 받을 수 없다. 수십 권의 문제집을 풀었다고 자랑스러워할 일이 아니다. 어려운 문제를 피하지 말자!

특히 문제집을 풀고 다 맞았다고 안심하지 마라. 가끔 상담하다 보면 "우리 아이는요. 문제집 풀면 다 맞는데 학교 가서 시험 치면 점수가 안 나와요. 왜 그런 거죠?"라고 묻는 학부모들이 있다. 그 이유는 명확하다. 시중에 나와 있는 문제집은 아주 친절하다. 단원별로 주제, 학습 목표, 개념 정의, 문제 풀 때 필요한 공식이 차례로 설명돼 있다. 그리고 예제에서 어떻게 풀라고 친절하게 모범 답안까지 보여주고 나서 연습 문제, 실전 문제, 서술형 문제까지 순서대로 풀게 한다. 이렇게 하면 누구나 잘할 수 있다. 이건 마치 시험에 뭐가 나오는지 미리 말해주고 실제 시험에 똑같이 출제하는 것이나 다름없다.

컴퓨터처럼 삭제 키를 누르지 않는 이상 영원히 지식을 보존할 수 있으면 좋겠지만 인간 뇌가 가진 저장 용량은 한정돼 있다. 따라서 머릿속 지식을 꺼내 재구성하고 부유하는 개념들을 서로 연결시키는 연습을 따로 해야 기억력과 응용력을 모두 기를 수 있다. 문제집에서 줄곧 100점을 맞았는데 실제 시험에서는 실력을 발휘하지 못해 억울하다면, 그동안 문제집의 '친절한' 구조에 너무 의존해 공부하지 않았는지 생각해보자. 앞서 예제를 많이 풀면서 기초 체력을 쌓아올렸다면, 이제는 실전을 위해 어려운 문제에도 도전해보라. 틀려도 된다. 문제를 풀려고 고군분투하는 과정 자체가 중요하다.

특히 틀렸다고 문제집에 있는 문제로 오답 노트를 만들고 해답집에 있는 풀이 과정을 노트에 베껴 쓰는 학생도 있던데 정말 놀랐다. 하나의 문제에 하나의 풀이만 있는 것이 아니다. 게다가 이 풀이 과정을 베껴서 외운다 한들 다음 문제를 무조건 맞출 수 있는 것도 아닌데? 틀린 문제에 지나친 집착은 삼가라. 몰라서 틀리기도 하고 실수해서 틀리기도 한다. 나의 풀이와 비교해가며 답의 도출 과정을 끈질기게 고민하기 위해서라면 충분히 가치 있지만 내가 볼 땐 '예쁜' 오답 노트 만들기에 더 비중이 큰 것 같아 걱정이다.

추가로 중상위권 학생들에게 추천해주고 싶은 사이트가 있다. 미국에는 AMC라는 수학 경시대회가 있다. 여기 문제들이 수능 최고 난이도 문제들과 꽤 비슷하다. 문제해결기술연구회artofproblemsolving.com란 사이트에 연도별 기출 문제들이 답과 함께 잘 정리돼 있으니 참고하길 바란다. 풀다 보면 생각보다 재미도 있다.

넷, 매일 10분보다 하루를 제대로 투자하라

수학은 목표에서 아래로 개념을 확장해 나가는 하향식top-down 구조로 설계된 과목이므로 개념 간 선형 관계가 아주 중요하다. 완전히 이해하지 않고 대강 알면 반드시 나중에 문제가 생기는 구조라는 뜻이다. 예를 들어 미국 어느 마을에서 서부 개척 시대에 일어난 말 도난 사건을 모른다고 해도 세계 역사의 흐름을 이해하는 데 큰 지장은 없다. 하지만 수학은 매 단계가 이전 단계의 이해를 기반으로 하기 때문에 일부 구간을 우회하거나 뛰어넘기 어렵다. 즉, 중간 단계 어느 지점이든 한 번의 포기만으로도 과목 전체의 포기에 이를 수 있다. 마치 게임을 할 때 전 스테이지에서 일정 수준의 아이템과 스킬을 획득하지 못하면 다음 스테이지에서 적의 칼 한 방에 하늘나라로 직행하는 것과 같다. 수학에서 고득점을 받고자 한다면 고구마 줄기처럼 서로 연결되어 있는 개념들을 통째로 확실하게 다져놓아야 한다.

가령 로그가 너무 자신 없다고 하자. 로그는 고등 교과과정에서 어려운 편에 속하는 개념이다.(그러니 모른다고 자책하지 마라.) 그리고 로그함수는 지수함수의 역함수이기 때문에 지수에 대한 개념 정리가 선행되어야 한다.(즉, 로그함수는 지수함수의 결과값을 알 때 그 결과를 만들어내는 지수를 찾는 데 사용된다.) 따라서 지수와 로그를 개념부터 성질, 함수, 그래프까지 통으로 공부해야 효과적이다. 이걸 질금질금 쪼개서 공부하면 며칠 지나 또 완전히 새롭게 보인다. 마음먹었을 때 완전히 끝장낸다는 생각으로 시간을 투자해야 한다.

다음 로그의 성질을 가지고 좀 더 구체적으로 내가 말하려고 하는 걸 살펴보자. 로그의 핵심 성질은 다음과 같다. 어느 교과서를 보든 어느 문제집을 보든 이건 기본으로 나온다.

(1) $\log_a 1 = 0$

(2) $\log_a a = 1$

(3) $\log_a b^n = n\log_a b$

(4) $\log_a M + \log_a N = \log_a MN$

$$(5)\ \log_a M - \log_a N = \log_a \frac{M}{N}$$

$$(6)\ \log_a b = \frac{\log_c b}{\log_c a}$$

$$(7)\ \log_{a^m} b^n = \frac{\log_c b^n}{\log_c a^m} = \frac{n}{m}\log_a b \quad (m \neq 0)$$

이런 성질을 확인하고 나서 예제 한두 문제 풀고 끝내면 안 된다. 특히 로그가 어렵다면 다음 같은 문제 수십 개를 며칠간 집중적으로 풀어보길 권한다.

> $\log_2 3 \cdot \log_3 5 \cdot \log_5 2$의 값을 구하라.

한번 생각해보자. 이 문제는 어떤 성질을 이용해 풀어야 할까? 여섯 번째 성질을 활용하면 다음과 같이 답이 나온다.

$$\log_2 3 \cdot \log_3 5 \cdot \log_5 2 = \frac{\log_{10} 3}{\log_{10} 2} \cdot \frac{\log_{10} 5}{\log_{10} 3} \cdot \frac{\log_{10} 2}{\log_{10} 5} = 1$$

어느 정도 손에 익으면 문제를 풀기 위해 활용할 성질들을 머릿속에 나열할 수만 있어도 된다. 부모나 친구에게 설명할 수 있을 정도까지 파고들자.(실제로 남에게 가르치는 방법은 교육학에서 최고로 치는 공부법이다.)

영어 같은 외국어 공부를 할 때는 일반적으로 공부의 양보다 인터벌interval을 중요하게 생각한다. '매일 아침 10분씩' 같은 공부법이 통한다는 말이다. 하지만 수학은 다르다. 중요한 개념은 '집중해서 뽀갠다'는 생각으로 시간과 노력을 쏟아부어야 한다. 평소에 그렇게 시간을 투자하기 힘들면 주말이나 방학을 이용하는 것도 좋다. 이걸 오늘 조금, 내일 조금, 그리고 며칠 지나 다시 조금, 이렇게 공부하면 항상 제자리걸음이다. 그러다가 "아무리 노력해도 로그가 안 돼. 로그는 포기!" 하고 두 손 두 발 다 놓게 된다.

전쟁을 할 때 이기는 방법 중 하나는 상대편 대장의 목을 따는 것이다. 지휘관을 잃은 군대는 혼비백산 도망치기 바쁠 테니 손쉽게 이길 수 있다. 수학도 마찬가지로 결정적인 '보스급' 개념들이 있다. 물론 쉽지 않겠지만 어떤 지름길로 가든 이들을 넘지 못하면 최종 관문에 다다를 수 없다. 반면 그 개념들을 돌파하면 다음은 너무도 쉬워진다.

다섯, 무조건 암기하기보다 묻고 이해하며 공부하라

수학이 단단한 땅이면 핵심은 그 아래 숨어 있다. 개념, 정리, 공식을 마주했을 때 "왜?"라고 묻고 답을 파헤쳐나가면 더욱 직관적이고 이해하기 쉬운 수학의 본모습에 다가갈 수 있다.

물론 수학에서 "왜?"라는 질문이 무한정 이어지지는 않는다. 계속 파내려가면 마침내 이유를 댈 수 없는, 수학이라는 학문의 전제가 되는 논리에 도달한다. 이것을 수학에서 공리(公理)라고 부른다. 개인적으로는 땅 위에서 오랫동안 고민하는 것보다 "왜?"라는 삽을 들고 한 번 깊게 파헤쳐 내려가 보는 것이 효과적이라고 생각한다. 이 과정에서 '수포자'의 고질병인 무작정 외우기를 버릴 수 있다. 또 무시무시하게 생긴 수학의 겉모습이 생각보다 별 게 아니라는 걸 깨닫고 자신감을 얻을 수 있다. 수학을 논리의 학문으로 제대로 접근해보자.

여기서 "왜?"라는 질문은 다시 두 종류로 나뉜다. 첫째, 왜 배우는가? 안 그래도 어려운데 배울 가치가 있는지조차 납득하기 어렵다면 정말 힘든 공부가 될 것이다. 이 질문에 대해서는 이미 앞에서 여러 번 언급했다. 데이터와 관련해 행렬을 왜 배워야 하는지, 그리고 수학 교과의 최종 목표인 미적분은 얼마나 중요한지. 이진법을 처음 배우면 참 이상한 걸 배운다는 생각이 들 수도 있지만, 컴퓨터를 이해하고 활용하려면 반드시 알아야 하는 개념이라는 것도.

개념과 공식, 정리의 가치를 알고 본격적으로 공부하기로 마음먹었다면 더 중요한 질문이 있다. 둘째, 왜 그런가? 낯선 공식을 만났을 때 무작정 외우고, 그것의 심화 공식을 만났을 때 기초가 탄탄하지 못해 다시 무작정 외우는 악순환을 피하려면 항상 이 질문을 파고들어야 한다.

구체적으로 무슨 말인가 궁금해할 독자를 위해 하나씩 시범 삼아 보여주겠다. 먼저 개념에 대해 "왜?"라는 질문을 던져보자. 중학교 때 배우는 원주각이라는 개념이 있다. 원주각의 성질 중 가장 중요하게 배우는 것이 지름에 대한 원주각은 직각이라는 것이다. 왜 그럴까?

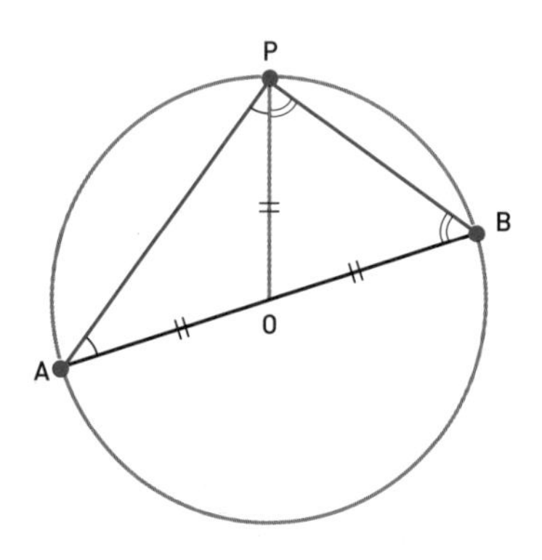

O는 원의 중심이다. 그리고 원의 중심을 가로지르는 선분 $\overline{AB}$는 원의 지름이다. $\overline{OA}$, $\overline{OP}$, $\overline{OB}$는 모두 반지름이다. 이들은 모두 길이가 같다. 그럼 여기서 삼각형이 총 3개가 보인다. △APB, △OPA, △OPB. 그 중 △OPA, △OPB는 이등변삼각형이다.

$$\angle OAP = \angle OPA,\ \ \angle OBP = \angle OPB$$

$$\angle APB = \angle OPA + \angle OPB$$

이제 삼각형의 내각의 합은 180도임을 활용해 원주각이 90도인 이유를 보여주겠다.

$$\begin{aligned}180^\circ &= \angle OAP + \angle APB + \angle OBP \\ &= (\angle OPA + \angle OPB) + \angle APB \\ &= 2 \times \angle APB\end{aligned}$$

$$\angle APB = \frac{180^\circ}{2} = 90^\circ$$

이렇게 해서 원주각은 항상 90도라는 결론에 도달한다. 그럼 다음 문제를 한 번 보자.

> 좌표평면 위의 두 점 $A(-\sqrt{5}, -1)$, $B(\sqrt{5}, 3)$과 직선 $y = x - 2$ 위의 서로 다른 두 점 P, Q에 대하여 $\angle APB = \angle AQB = 90^\circ$일 때, 선분 PQ의 길이를 l이라 하자. l^2의 값을 구하시오.

위 문제는 원의 현의 길이를 구하는 난이도 상의 문제이다. 처음에 이걸 보면 대부분이 기겁을 하고 도망치기 바쁘다. 하지만 이렇게 한 번 원주각이 90도라는 명제를 직접 그려가며 따져본 사람은 각 APB와 각 AQB가 90도라는 단서를 낚아챈다. 이건 각 APB와 각 AQB가 지름

AB에 대한 원주각이라는 의미이기 때문이다. 즉, 이 문제는 사실 AB를 지름으로 하는 원과 $y = x - 2$가 그리는 선의 교차점을 찾으라는 이야기다. 다음 그래프를 참조하라.

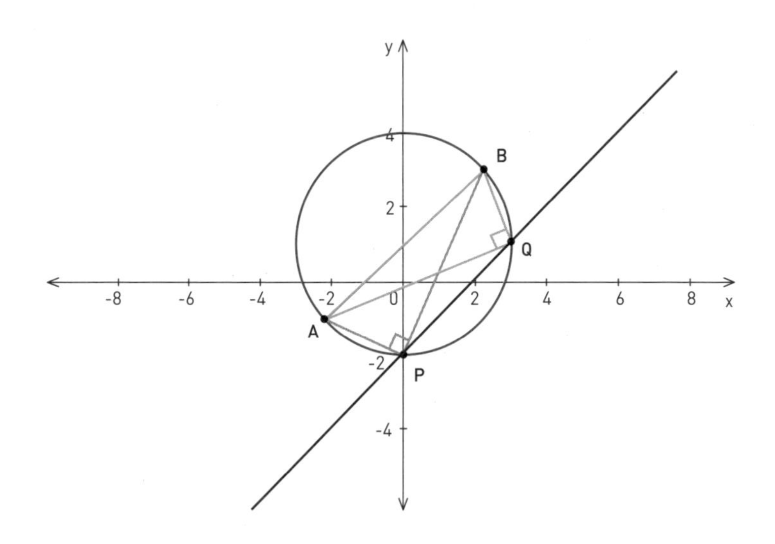

다음은 공식에 대해 "왜?"라는 질문을 제기해보겠다. 중학교 3학년이 되면 좌표평면상 두 점 사이의 거리를 구하는 공식을 배운다.

$$d = \sqrt{(x_2 - x_1)^2 + (y_2 - y_1)^2}$$

그리고 고등학교 1학년이 되면 원의 방정식을 배운다.

$$(x-h)^2+(y-k)^2=r^2$$

사실 이 두 공식은 중학교 2학년 때 배운 하나의 공식에서 파생된 것이다. 바로 피타고라스 정리 말이다. $(x-h)$, $(y-k)$, (x_2-x_1), (y_2-y_1)를 각각 레고의 한 블록으로 본다면 결국 피타고라스 정리 $A^2+B^2=C^2$과 형태가 같다는 걸 알게 된다.

(x_2-x_1)을 밑변, (y_2-y_1)을 높이로 하는 직각삼각형의 빗변 길이가 다름 아닌 d이므로 두 점 사이의 거리 공식은 자연스레 위와 같이 나온다. 나아가 d를 r로 바꾸고 제곱하면 원의 방정식과 매우 흡사한 모습이 된다. 점 (h, k)와의 거리가 r인 모든 점 (x, y)를 찍어보면 다름아닌 원이 나온다. 이 공식은 '평면상 한 점 (h, k)로부터 같은 거리 r에 있는 점들의 집합'이라는 원의 정의와 일맥상통한다.

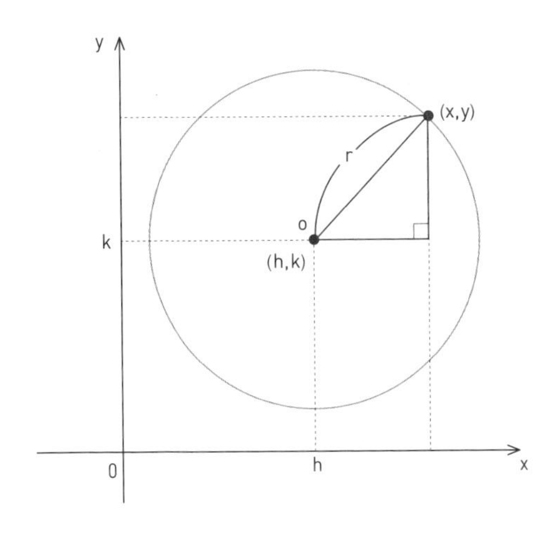

이렇게 공부하면 복잡하고 어려워 보였던 식이 쉬워진다. 이제 공식을 이해하기도 기억하기도 쉽다. 문제는 이렇게 "왜?"라고 물어봐도 대답해줄 사람이 없을 때 생긴다. 이때 칸아카데미www.khanacademy.org라는 학습 사이트가 아주 유용하다. 미국 학생들은 정말 많이 사용하는 무료 온라인 강좌 사이트다. 개념마다 짧은 비디오가 만들어져 있고 내용의 선형성을 고려해서 비디오도 미리 순서대로 정리돼 있다. 일부 서비스를 한국에서도 이미 이용할 수 있다고 알고 있다. "왜 그래요?"라고 물을 때마다 선생님이나 친구들에게 눈총을 받는 것이 두려운 학생들은 물론이고 특별히 도움 받을 곳이 없는 학생들은 이 사이트를 적극 활용하길 바란다.

수학사 교양서나 수학자 전기를 보는 것도 상당히 도움이 된다. 수학의 개념들이 어떤 필요에 따라 탄생했고 왜 그렇게 쓰기로 약속했는지 맥락을 파악하는 데 좋다. 영어책이지만 우타 메르츠바흐Uta C. Merzbach와 칼 보이어Carl B. Boyer가 함께 쓴 『수학의 역사A History of Mathematics』라는 책은 정말 읽어볼 만하다. 책이 좀 두껍긴 한데 수학의 기원과 개념의 상관관계 등을 너무도 잘 설명해서 독자들에게 꼭 추천하고 싶다. 수학자들 이야기도 들어 있어 지루하지 않게 술술 읽힌다.

혹자는 "왜?"라는 질문을 던지기는 쉬워도 그 답을 찾기는 쉽지 않다고 말하며 애들 수학 교육과 맞지 않는다고 비판할 수도 있다. 나도 일부는 동의한다. 어떤 학자는 한 좋은 질문에서 평생의 업을 달성하기도 하지 않나. 그만큼 "왜?"의 답을 찾는 것은 어려울 수 있다. 구구단을 외우라는 선생이나 부모에게 아이가 이유를 계속 묻는다면 뭐라고 대답해줄 수 있을까? 본인 또한 어릴 때 수학을 잘 못했다면 대답하기 더 곤란할 것이다.

그런데 "왜?"라는 질문을 던지라는 것은 반드시 답을 구하라는 게 아니다. 적어도 한 번은 의심을 해보라는 의미다. 이 공식이 꼭 필요할까? 내가 이걸 반드시 외워야 하나? 이런 생각을 한 번쯤 해보고 직접 확인해보는 것이 중요하다. 예를 들어 문제집에서 어떤 공식을 알려주면서 연습 문제를 제시하고 있다면, 아무 생각 없이 그 공식에 숫자를 대입해서 문제를 풀고 있을 것이 아니라 공식 없이 풀 수는 없는지 1~2분 정도 생각해보면 어떨까?

권위에 주눅들지 말자. 질문 던지기를 무서워하지 말자. 그 작은 망설임이 나중에 엄청 큰 구멍으로 돌아올 수 있다. 꼭 찾아보고 물어봐서 이해하자. 특히 한국의 수학 교육은 입시에 방점을 두다 보니 문제풀이의 기술을 발전시키는 데 너무 많은 시간을 할애한다. 하지만 거꾸로 세운 피라미드는 언젠가 기울어지는 법이다. 특히 내가 가르치면서 한국 학생들이 꼭 유념했으면 하는 건 다음과 같다. 절대 그냥 외우지 말자. 절대 그냥 습관적으로 풀지 말자. 그리고 이걸 왜 배우는지를 꼭 고민하자.

책을 마치며

지금까지 현장에서 몸소 터득한 수학 잘하는 몇 가지 노하우를 이야기했지만, 사실 진짜 당부하고 싶은 것은 다음 두 가지다. 첫째, 결심. 아무리 좋은 선생도, 좋은 교재도 당신의 공부를 대신해주지 않는다. 대가(代價) 없이는 결코 수학의 대가(大家)가 될 수 없다. 수학 공부를 제대로 해보겠다는 결심이 반드시 필요하다. 물론 마음속으로만 외치는 결심을 말하는 게 아니다. 서양 속담 중에 "바보들은 늘 결심만 한다."라는 말이 있다. 내가 본 수학 잘하는 학생들은 전부 일정 수준 이상의 시간을 수학 공부에 쏟아부은 애들이다. 용두사미가 되지 않기 위해 작은 결심을 시작으로 하나씩 실현시켜 나가길 바란다.

둘째, 끈기. 습관을 바꾸려면 3주가 걸린다는 말이 있다. 이것은 미국 의사 맥스웰 몰츠Maxwell Maltz가 자신의 책 『성공의 법칙』에서 주장한 것이다. 3주가 지나야 뇌에 새로운 습관이 각인된다는 이 주장은 많은 심리학자와 의학자의 연구를 통해 체계화되었다. 그렇게 각인된 습관이 다시 몸에 완전히 배게 하려면 3개월이 걸린다. 수학 공부의 초행길은 당신의 예상보다 더 지루하고 힘들고, 대체 왜 가야 하는지 납득도 안 가는 그런 길이다. 하지만 작심삼일에 그치지 않고 3주, 3개월, 나아가 1년 후 달라졌을 나를 상상하며 정진하다 보면 어느새 당신도 수학의 매력을 음미할 수 있는 수학 고수가 되어 있을 것이다.

수학은 쉽지 않다. 나는 수학이 쉽다고 사탕발림 같은 소리를 하고 싶지 않다. 수학이 재미있다고 강요하고 싶지도 않다. 하지만 여러 가지 이유로 수학을 배우려고 하는 독자들에게 조금이라도 도움이 되고자 수학 교과과정의 최종 목표, 바로 미적분을 설명하는 것으로 책의 말미를 채웠다. 부디 도움이 되기를 바란다. 아무쪼록 건투를 빈다!

부록

미적분은 처음이라

끝이 보이면 시작은 훨씬 쉽다. 그래서 세계 모든 수학 교육에서 최종 목표로 삼는 미적분이란 무엇인지 보여주는 것으로 책을 마무리하려 한다. 물론 여기 나온 내용만 갖고 미적분을 '마스터'하기란 불가능하다.(그런 마법은 현실 세계에 없다.) 하지만 지금 하고 있는 공부, 그리고 앞으로 할 공부가 바로 이 미적분을 향하고 있다는 사실을 알면 어떻게 수학 공부를 해야 할지 스스로 깨닫는 바가 분명 있을 것이다. 학교 다닐 때 미적분을 안 배운 분들이 있다면 이번 기회에 상식 수준에서 미적분을 이해해보길 바란다.

미적분에 대해 설명하기 전에 한 가지 오해부터 해소하려고 한다. 한국에 있는 지인이 이렇게 말한 적이 있다. "미국에서는 미적분 안 가르친다며? 신문 보면 미적분 때문에 쓸데없이 시험 난이도만 올라가고 덩달아 사교육비도 높아지는 거라는데?" 완전 잘못된 이야기다. 미국은 한국과 달리 학생들이 수업을 선택해서 졸업 학점을 채우는 방식인데 고등학교에서 선택할 수 있는 수학 수업은 대개 다음과 같다.(난이도 순서대로 나열했다.)

대수학 1 Algebra 1(중1, 중2 수준)

기하학 Geometry(중1~중3 수준)

대수학 2 Algebra 2(중3, 고1 수준)

미적분 기초 Pre-Calculus(고1~고2 수준)

미적분 기본 AP Calculus AB(고3~대학 수준)

미적분 심화 AP Calculus BC(고3~대학 수준)

미적분 기초는 말 그대로 미적분을 듣기 위해 반드시 알아야 하는 내용을 가르치는 과목이다. 여기서 각종 함수, 지수, 로그, 벡터 등을 배운다. 이 과정을 잘 소화하지 못하면 미적분 수업을 제대로 따라갈 수도, 제대로 이해할 수도 없다.

사실 미국에서는 미적분을 배우지 않아도 대학교에 들어가는 데 '이론상' 큰 지장이 없다. 미국 대학교 대부분이 입학 요건으로 내건 최소 수준은 미적분 기초 과목을 이수하는 것이기 때문이다. SAT에서도 미적분은 다뤄지지 않는다.

그렇다고 애들이 미적분을 공부하지 않는 건 아니다. 미국은 대학교를 소수만 가고 등록금도 장난 아니게 비싼 데다 가서 정말 빡시게 공부해야 하기 때문에 좋은 대학교에 가려는 학생들은 미적분 심화 과목까지 들어놓는다.

실제로 2017년 기준 미적분 기본 과목을 수료한 학생은 316,099명으로 미국 상위 20위 대학교 정원의 10배가 넘는다. 그중 18.7퍼센트인 59,250명이 만점(5점)을 받았다. 물론 여기서 만점이란 모든 문제를 맞혔다는 뜻이 아니고 전체 시험 문제 중 약 70퍼센트 이상을 맞혔다는 뜻이다. 미적분 심화 과목은 132,514명이 들었고 그중 42.6퍼센트가 만점(5점)을 받았다.* 일반 학교에서는 미적분 심화 수업이 거의 없다. 미적분 심화 과목을 가르칠 수 있는 선생님도, 배울 능력이 되는 학생도 많지 않기 때문이다. 그러니 미적분 심화 과목을 수강했다는 것 자체가 수학을 아주 잘한다는 뜻이기도 하다. 이런데도 미국에서는 미적분 안 해도 대학교를 갈 수 있다고?

---

* 「2018 STUDENT SCORE DISTRIBUTIONS」을 참고했다.
(https://apstudents.collegeboard.org/about-ap-scores/score-distributions)

앞서 전 세계 수학 교육의 가장 큰 목적이 미적분을 기본적으로 알거나 혹은 미적분을 공부할 수 있는 단계까지 가르치는 것이라고 했다. 그 이유는 미적분이 현대 과학기술을 이해하고 발전시키기 위한 필수 도구이기 때문이다. 과학자나 엔지니어를 꿈꾸는 사람은 물론이고 경제학이나 경영학을 전공하는 학생들도 미적분을 알아야 한다. 왜냐? 원자재 가격과 제품의 원가, 통화량과 금리, 환율과 경상수지 등 다양한 사회현상들이 데이터로, 그리고 그래프로 표현된다. 이를 분석해 인과성을 밝히고 최적의 결론을 도출하는 데 미적분이라는 수리적 도구가 유용하다.

그런데 미적분을 향하는 과정에서 많은 사람들이 수학을 포기한다. 앞서 말했듯, 수학은 강한 선형적 스토리를 갖고 있기 때문에 블록 하나만 비어 있어도 전체가 무너지는 구조다. 모든 걸 다 설명하기에는 지면상 한계가 있지만 함수-극한-미분-적분으로 이어지는 전체 그림을 제시하면 그 길을 걷는 데 조금이나마 도움이 될까 싶어 다음 내용들을 준비했다.

STEP 1. 함수

미적분의 대상은 함수다. 함수는 얼마를 입력하면 얼마가 출력되는

지에 대한 관계 규칙을 표현한 것이다. 여기서 입력과 출력을 x, y 같은 변수로 나타낸다.

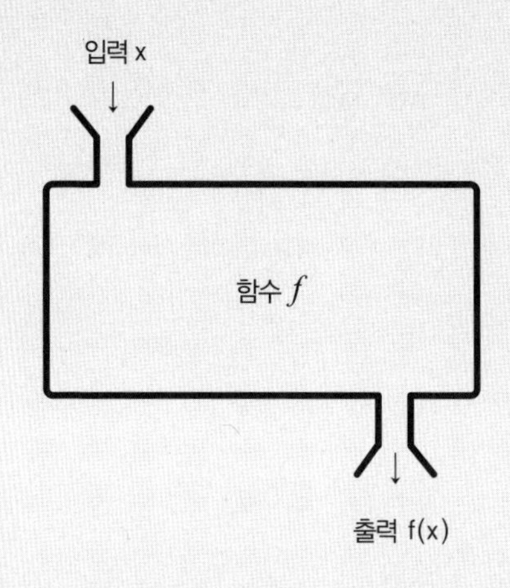

물론 현실의 문제 대부분은 하나의 입력과 하나의 출력만으로 작동하지는 않는다. 미세먼지 농도 y를 줄이기 위해 신경 써야 하는 요인 x는 한두 가지가 아닐 테다. 하지만 여러 변수가 개입된 관계(다변수 함수라고 한다.)는 초심자에게 아직 어렵고, 무엇보다 x, y 두 변수의 관계를 따지는 훈련이 잘 되면 변수의 개수를 늘리는 일은 크게 어렵지 않으니 $y = f(x)$로 설명을 이어가겠다.

먼저 함수란 무엇인지 제대로 살펴보자. 함수는 일종의 음료 자판기와 같다. 일반적으로는 자판기에 버튼이 5개 있으면 각각 콜라, 사이다, 환타, 커피, 물, 이렇게 다른 음료가 지정되어 있을 것이다. 그런데 가끔 5개가 모두 같은 음료로 지정되어 있을 때도 있다. 주인이 게으

른가 싶지만 특별히 문제가 되는 건 아니다. 싫으면 동전을 넣지 않으면 그만이니까.

똑같은 버튼을 눌렀는데 콜라가 나오기도, 사이다가 나오기도 한다면 이게 진짜 문제다. 사이다를 싫어하는 사람에게는 정말 어이가 없는 상황이다. 아마 열 받아서 자판기를 걷어찰지도 모른다. 이런 자판기는 함수가 될 수 없다. 솔직히 자판기 자격도 없다. 입력값에 따라 출력값이 결정되지 않고 임의의 결과가 나오기 때문이다. 만약 이 또한 함수라고 한다면 똑같은 데이터를 가지고 "내일 날씨가 맑을 수도, 비가 올 수도 있어요." "내일 주식이 오를 수도, 내릴 수도 있어요." 같은 답답한 말들도 참아야 한다.(실제로 날씨 예측, 주식 예측에 함수가 쓰인다.) 지금까지의 설명을 그림으로 표현하면 다음과 같다.

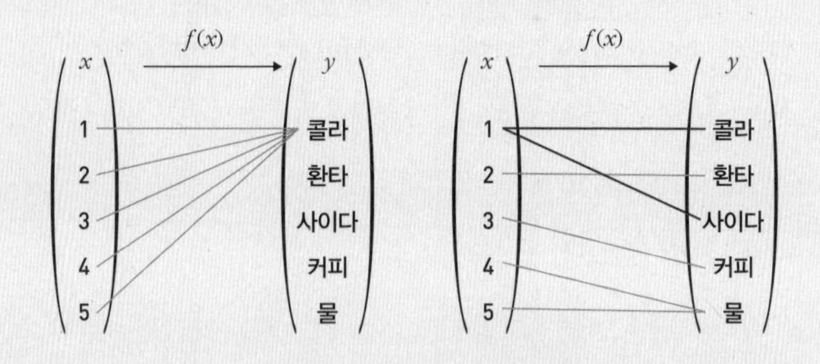

왼쪽은 함수이지만 오른쪽은 함수가 아니다.

함수가 무엇인지 이해했다면 이제는 함수를 표현하는 방식에 대해 논해보자. 예를 들어 'y는 x의 2배보다 1 크다.'라는 관계는 $y = 2x + 1$이라는 식으로 쓸 수 있고 다음과 같은 그래프로도 나타낼 수 있다.

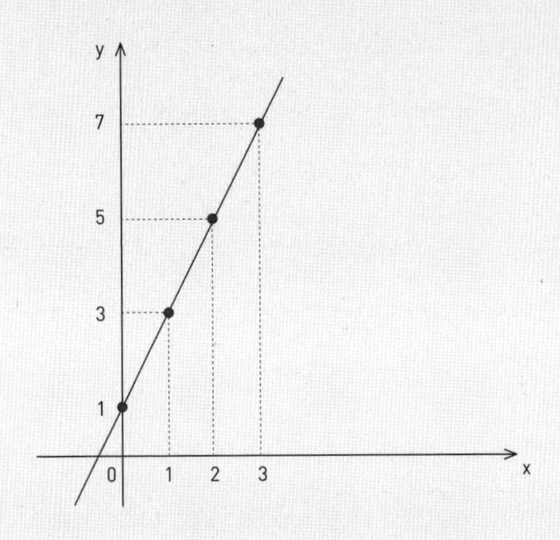

이렇게 직선의 그래프를 그리는 함수를 일차함수라고 한다. 포물선 모양의 그래프를 그리는 함수는 이차함수다. 미적분을 배울 수 있게 만드는 교과과정에서는 이런 일차, 이차함수를 포함하는 12가지 함수가 뼈대를 이루고 있다. 이 12가지 함수들을 바탕으로 다른 복잡한 모양의 함수도 쉽게 이해할 수 있다. 이것은 마치 우리가 사는 복잡한 물질 세상이 대략 30가지 원소 조합으로 만들어져 있는 것과 비슷하다.

각각은 기본 식은 물론이고 그래프 모양까지 반드시 숙지하길 바란다. 직접 모눈종이에 좌표평면을 그리기 귀찮으면 컴퓨터 프로그램을

1. $y = x$

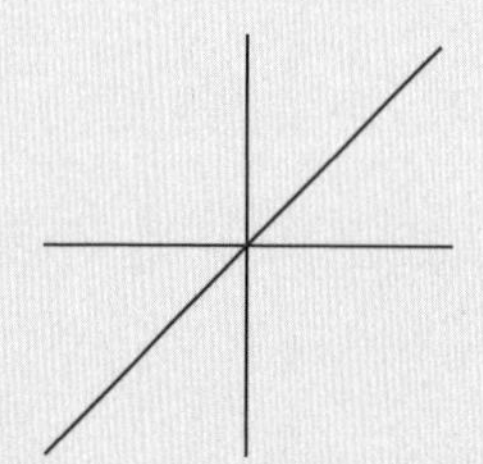

2. $y = x^2$

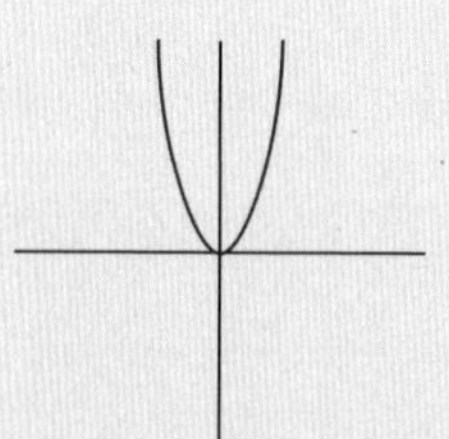

3. $y = x^3$

4. $y = \sqrt{x}$

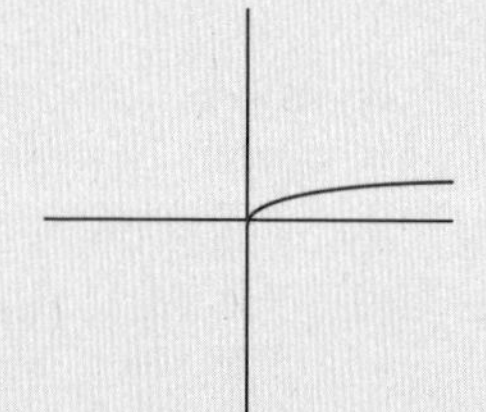

5. $y = e^x$

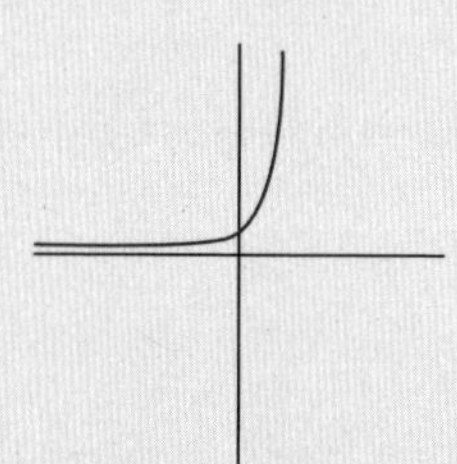

6. $y = \ln x$

7. $y = \sin x$

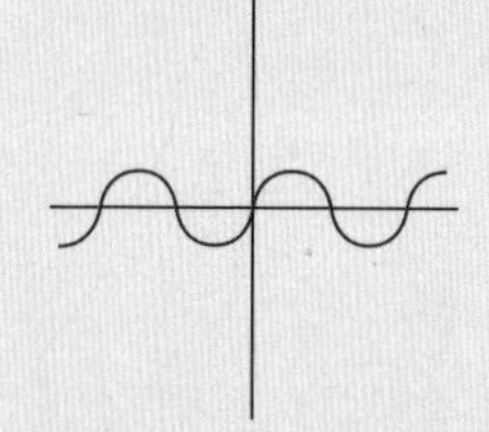

8. $y = \cos x$

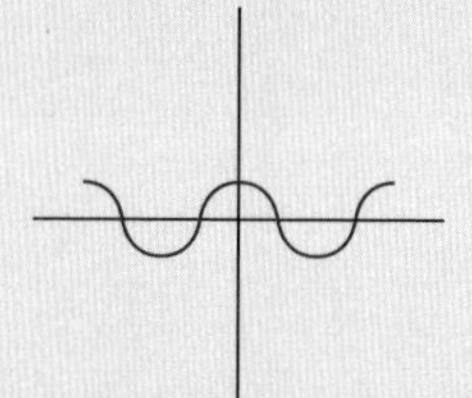

9. $y = \tan x$

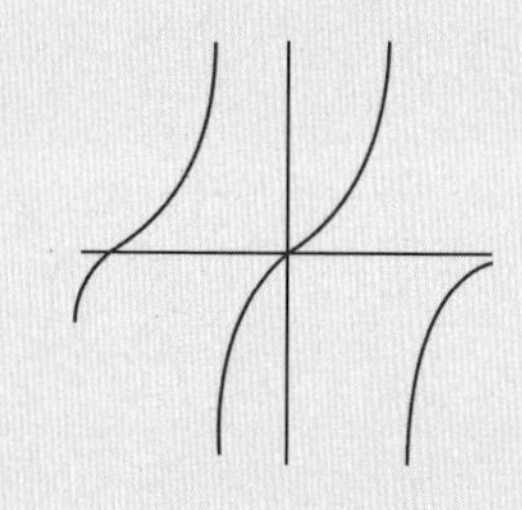

10. $y = |x|$

11. $y = \frac{1}{x}$

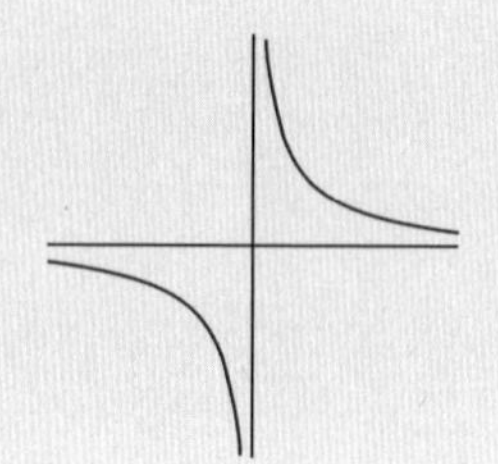

12. $y = [x]$

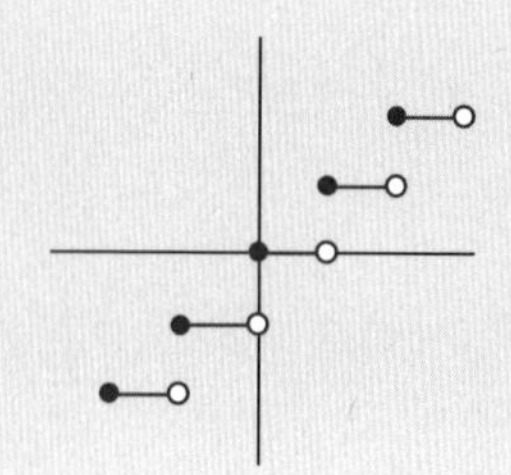

12가지 기본 함수

이용하는 것도 좋은 방법이다. 이와 관련해 앞에서도 언급한 데스모스 www.desmos.com라는 사이트가 꽤 유용하다.

자, 그럼 함수를 이해했는지 확인해볼 겸 여기 문제 하나를 같이 풀어보자.

> 좌표평면 위의 세 점 A(6, 0), B(0, 4), C(0, 0)이 있고 함수 $y = ax$ ($a \neq 0$)의 그래프 위에 한 점 P가 있다. 삼각형 PCA 넓이가 삼각형 PCB 넓이의 4배일 때 a값을 구하라.

먼저 그래프를 그려보자.(함수 문제는 가능하면 그래프로 풀자!) 점 P의 좌표는 (x, ax)로 표현할 수 있다.

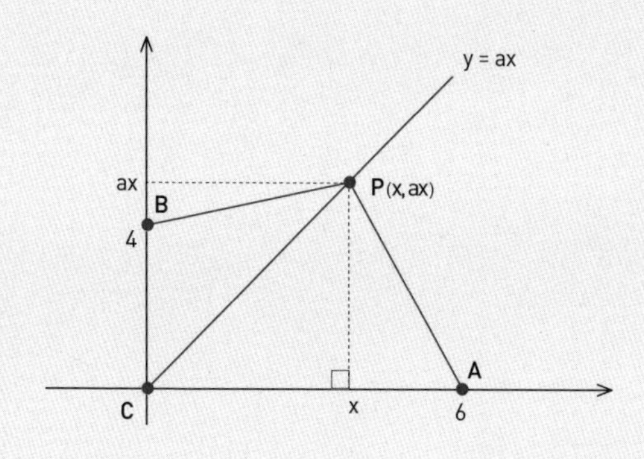

그다음에는 삼각형 PCA 넓이와 삼각형 PCB 넓이를 각각 x에 대한 함수로 표현해보자.

삼각형 PCA 넓이 $f(x) = 1/2 \times 6 \times ax = 3ax$

삼각형 PCB 넓이 $g(x) = 1/2 \times 4 \times x = 2x$

삼각형 PCA 넓이가 삼각형 PCB 넓이의 4배라고 했으므로

$f(x) = 4 \times g(x)$

$3ax = 4 \times 2x$

$a = 8/3$

이다. 이 문제는 중학교 1학년 수준의 문제다. 여기서 답을 맞히는 건 중요하지 않다. 중요한 건 어떤 수학적 원리를 사용했는지 아는 것이다. 가장 먼저? 그렇다. 삼각형의 넓이 공식을 알아야 한다. 그리고 방정식을 풀 줄도 알아야 한다. 마지막으로 삼각형 넓이를 x에 대한 함수로 표현할 줄 알아야 한다.

함수 이야기는 여기까지 하고 이제 다음 단계로 넘어가보겠다.

STEP 2. 함수의 극한

일반적으로 미적분의 선행 개념으로 수열의 극한과 함수의 극한을

배운다. 그런데 이 '극한'이란 개념이 학생들을 꽤 괴롭게 만든다. 오죽하면 수열에서 한 번 배우고 함수에서 한 번 더 배우겠는가. 위로를 하자면 극한이란 개념을 두고 수학자들도 오랫동안 골머리를 앓았다. 그러니 너무 낙담하지 말자.

극한은 수학에서 '무한히'라는 말을 이해하기 위한 개념적 도구다. 우선 '무한'이라는 개념을 생각해봐야 한다. 이것은 대충 알 것 같으면서도 완벽한 이해가 불가능한 개념이다. 예를 들어 자연수와 짝수(0보다 큰) 중 어느 것이 더 많을까? 자연수는 홀수와 짝수로 이루어져 있고 짝수는 그중 절반이니 자연수가 2배 더 많다고 생각할 수 있다. 동시에 모든 자연수에 2를 곱하면 정확히 모든 짝수와 대응된다. 그러니 개수가 같다고 생각할 수도 있다. 이것은 자연수와 짝수가 무한개라서 생기는 일이다.

또 0.9999999… = 1이라는 건 맞을까, 틀릴까? 9가 아무리 많이 이어져도 결국 1보다는 작은 거 아니냐고? 다음을 보라.

$$1/3 = 0.33333\cdots$$

$$1/3 \times 3 = 0.33333\cdots \times 3$$

$$1 = 0.999999\cdots$$

아직도 알쏭달쏭한가? 정상이다. 무한 개념은 이토록 모호하다!

왜 이토록 무한 개념을 이해하기 힘든가 하면 우리의 상식과 다르기 때문이다. 앞에서 언급한 0.99999…는 0.9 + 0.09 + 0.009 + 0.0009…로 표현할 수 있다. 상식적으로 생각하면 쉽게 납득하기 어려울 것이다. 계속 더하는데 무한히 커지지 않는다니 말이다. 7장에서 말한 '종족의 우상'을 떠올려보자. "낯선 수학 공부의 첫 걸음은 우리의 직관, 경험에 꼭 들어맞지 않는 개념들을 정의를 바탕으로 하나하나 이해해 나가려는 태도에서 출발한다." 그래서 극한이라는 개념을 잘 이해해야 한다. 그럼 이제 $y = 1/x$이라는 함수를 살펴보자.

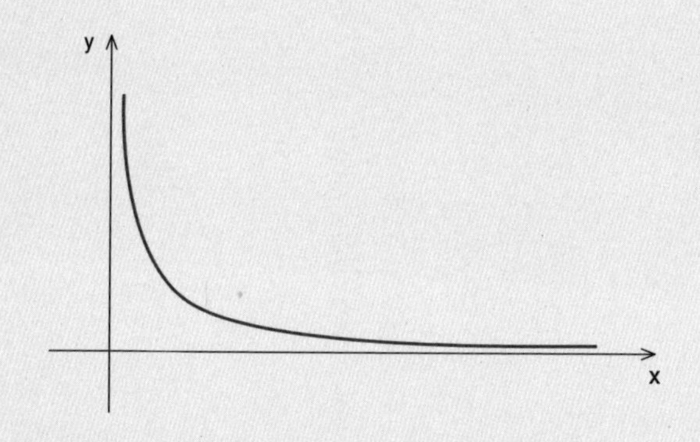

2, 4, 6, 8과 같이 숫자가 띄엄띄엄 나열된 수열과 달리 이 함수는 연속적이다. 여기서 x가 무한히 커지면 y값은 어떻게 될까? 오른쪽으로 갈수록 그래프가 x축, 즉 0에 한없이 가까워질 것이다. 단 x가 아무리 커져도 $y = 1/x$는 0에 가까워만질 뿐 함숫값 자체인 $1/x$는 절대 0이 될 수 없다. 하지만 양으로 명확하게 표현할 수 없으면 어떤 계산도 불가

능하다. 0에 가깝지만 0은 아닌 아주 작은 양을 2배로 늘리면 얼마라고 말할 텐가? 겉보기에는 불규칙해보이는 자연 현상도 아주 미세한 시간 단위로 잘게 쪼게 살펴보면 일정한 패턴을 보여준다. 이걸 수리적으로 파악해 써먹으려면 어떤 식으로든 개념화해야한다. 따라서 'x가 무한히 커짐에 따라 수렴하는 y값'을 극한limit 기호 $\lim_{x \to \infty}$를 써서 $\lim_{x \to \infty} y = \lim_{x \to \infty} \frac{1}{x}$이라 표현한다. 그리고 이 값은 정확히 0이다. 즉, 극한 $\lim_{x \to \infty} y$는 x가 한없이 커지거나 한 지점으로 다가갈 때 y가 향하는 과녁 자체다.

STEP 3. 미분

드디어 미분 차례다. 먼저 서울에서 부산까지 자동차를 타고 이동 중이라고 해보자. 두 도시의 거리를 400킬로미터라고 하고 아침 9시에 출발해 오후 2시에 도착했다. 그럼 평균 속도는 거리 나누기 시간이니까 시속 80킬로미터가 된다.

하지만 실제로 자동차가 일정 속도로 계속 달리는 것이 아니다. 휴게소에 가서 차가 완전히 정지하기도 하고 갑자기 끼어들기를 한 차를 앞지르기 위해 순간적으로 속도를 올리기도 한다. 그렇다면 출발 후 3시간 15분이 지났을 때 차의 순간 속도를 알고 싶다면 어떻게 해야 할까?

3시간 15분과 3시간 16분 사이의 평균 속도가 답일까? 누군가가 3시간 15분과 3시간 15분 30초 사이의 평균 속도를 구하면 그게 더 정확한 답 아닐까? 그럼 3시간 15분과 3시간 15분 10초 사이의 평균 속도는? 10초 말고 1초는? 아니면 0.1초는? 이렇게 하다 보면 3시간 15분과 3시간 15분 하고도 0.1, 0.01보다 훨씬 작은 어떤 h초 사이의 평균 속도도 구할 수 있지 않을까? 이런 사고를 일반화한 것이 바로 미분이다.

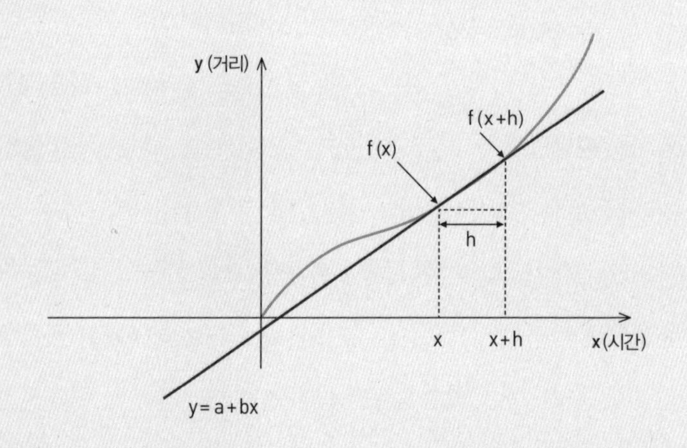

그럼 '거리 y를 미분해' 특정 시각 x에서의 순간 속도 y'를 구해보자. 앞서 말한 아이디어대로 특정 시각 x에서의 순간 속도는 시각 x와, 그로부터 '아주 조금 더 지난' 시각 $x+h$ 사이의 평균 속도라고 할 수 있다.

$$평균\ 속도 = \frac{이동\ 거리}{걸린\ 시간} = \frac{나중\ 위치 - 처음\ 위치}{나중\ 시각 - 처음\ 시각}$$

처음 시각은 x이고 나중 시각은 $x+h$이다. 그리고 처음 위치, 나중 위치는 각각 처음 시각 x, 나중 시각 $x+h$를 $f(x)$에 대입한 $f(x)$, $f(x+h)$이다. 따라서 우리 계산의 결과는 다음과 같다.

$$y' = \frac{f(x+h) - f(x)}{(x+h) - x} = \frac{f(x+h) - f(x)}{h}$$

물론 정확한 값은 아니다. h를 아무리 작게 해도 결국 h라는 시간 간격 동안의 평균 속도일 뿐 시각 x에서의 순간 속도는 아니니까. 그래서 극한이 필요하다. h가 0에 한없이 가까워질 때의 극한을 구하면 해결된다. 이때 $h \to 0$은 h가 0에 한없이 가까워진다는 뜻이다.

$$y' = \lim_{h \to 0} \frac{f(x+h) - f(x)}{h}$$

이번에는 실제로 함수를 다음과 같이 정의하고 미분해보자.

$$y = f(x) = x^2 + x$$

실제로 가속 페달을 밟고 있으면 속도가 꾸준히 증가해서 누적 이동거리는 이차함수 형태로 증가한다. 이제 순간 속도 y'를 다음과 같이 구할 수 있다.

$$y' = \lim_{h \to 0} \frac{f(x+h) - f(x)}{h}$$

$$= \lim_{h \to 0} \frac{(x^2 + 2hx + h^2 + x + h) - (x^2 + x)}{h}$$

$$= \lim_{h \to 0} \frac{2hx + h^2 + h}{h}$$

$$= \lim_{h \to 0} (2x + h + 1)$$

$$= 2x + 1$$

이렇게 거리 y의 함수를 미분해서 순간 속도 y'의 함수를 구할 수 있다. 그리고 1초($x = 1$)일 때의 속도는 $y' = 2x + 1 = 2 + 1 = 3$(미터/초)이라고 답할 수 있게 됐다.

미분은 속도를 구할 때만 쓰이는 게 아니다. 시간이 변함에 따라 이동 거리가 변하는 비율(속도)을 알고 싶을 때는 거리를 미분하듯, 어떤 양 x가 변함에 따라 다른 양 $y = f(x)$가 변하는 비율 y'을 알고 싶을 때도 같은 방식으로 계산하면 된다.

STEP 4. 적분

이차함수의 미분은 그래프상 한 점의 기울기로, 적분은 그 밑넓이로 표현할 수 있다. 사실 미분과 적분은 서로 역연산 관계이다. 따라서 방금 구한 속도 $y' = 2x + 1$을 적분하면 다시 거리 $y = x^2 + x$를 구할 수 있다. (사실 '적분상수'라는 개념 때문에 이 설명은 아주 엄밀하지 않다. 나중에 미적분을 제대로 공부하고 무엇이 잘못됐는지 찾아보자.) 실제로 $y' = 2x + 1$ 그래프를 그리고 밑넓이를 구하면 $x^2 + x$가 나온다.

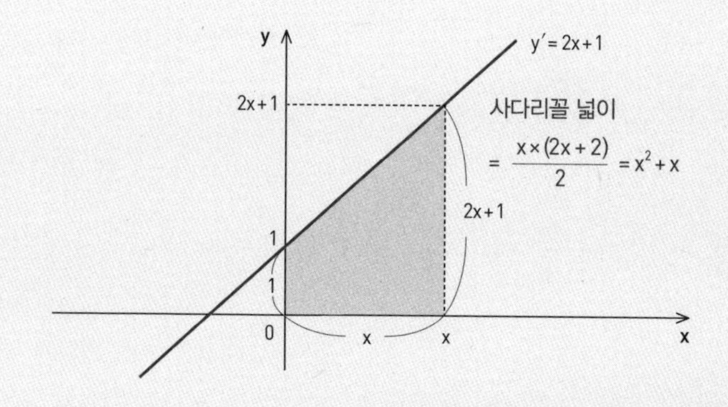

그러나 그래프가 이처럼 직선인 경우는 드물고 대부분이 곡선이다. 따라서 밑넓이 계산이 어렵기 때문에 적분이 필요하다. 깊게 설명하지는 않겠지만 곡선으로 이루어진 밑넓이는 무수히 많은 얇은 직사각형들로 쪼개서 그 직사각형 넓이들을 합산해 구한다. 구분구적법이라고

도 하는데 이것으로부터 발전한 것이 적분이다. '무수히 많은'이라는 말에서 느껴지듯 여기서도 극한 개념이 사용된다.

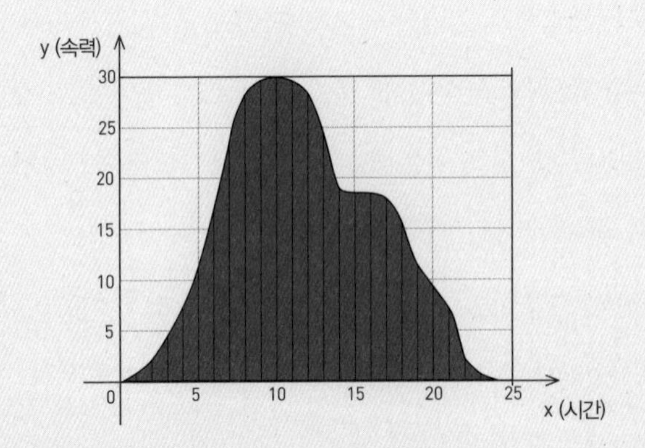

미분과 적분과의 관계에 대한 다른 사례를 살펴보겠다. 원의 넓이 공식 $A = \pi r^2$은 적분 개념으로 만들어진 것이다. 아래 그림과 같이 원의 넓이 공식은 수많은 동심원들의 둘레 길이 $S = 2\pi r$를 모두 더해가면 넓이가 된다는 개념에서 나왔다.

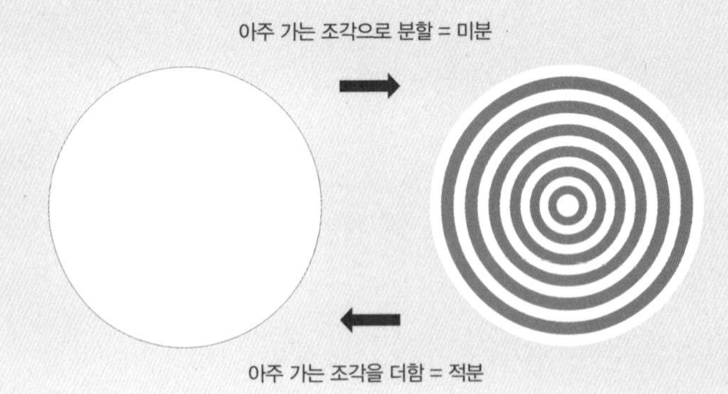

가장 안에 있는 원의 둘레부터 가장 바깥쪽에 있는 둘레들을 더하면(즉, 적분하면) 원의 면적이 되고 원의 면적을 작게 쪼개면(즉, 미분하면) 원의 둘레가 나오는 관계가 미적분을 이해하는 가장 기본 개념 중 하나다. 아직은 아리송하겠지만 실력을 쌓다 보면 언젠가 직접 '원의 둘레를 반지름에 대해 적분해' 넓이 공식을 유도하는 날이 올 것이다.

미적분은 복잡다단한 현실 세계를 관찰하고 분석하는 도구이기 때문에 현실의 복잡성만큼이나 어려운 게 당연하다. 게다가 인간의 지적 논리 체계는 원래 유한한 대상이나 사건에 적합하게 되어 있는데 미적분은 정의에서 이미 무한 개념을 수반하고 있기 때문에 어려울 수밖에 없다. 그나마 "미적분은 ○○다."라고 말할 수 있다면 나는 "미적분은 양파다."라고 말하겠다. 무슨 말이냐고? 양파 껍질을 한 겹 벗기면 양파의 겉넓이 한 겹을 벗겨냈다고 생각할 수 있다. 그럼 부피는 그 양만큼 줄어든다. 계속 양파 껍질을 벗기다 보면 양파는 없어진다. 그럼 이 벗겨놓은 양파 껍질을 다시 적은 것부터 붙이면? 그렇다. 다시 원래의 부피를 갖는 양파가 된다. 양파의 부피를 미분하면, 즉 작게 쪼개면 양파 껍질(겉넓이)이 되고 그 껍질들(겉넓이)을 다 모아 붙이면 온전한 부피를 갖는 양파가 되는 것이다.

STEP 5. 실전

이제 수능 문항을 다뤄보겠다. 다음은 2015학년도 수학 영역 A형 29번 문제이다. 30번까지 있는 수능 수학 시험의 후반부 4점짜리는 난이도 상이라는 뜻이다.

> 29. 두 다항함수 $f(x)$와 $g(x)$가 모든 실수 x에 대하여
>
> $$g(x) = (x^3 + 2)f(x)$$
>
> 를 만족시킨다. $g(x)$가 $x = 1$에서 극솟값 24를 가질 때,
>
> $f(1) - f'(1)$의 값을 구하시오.

이제 $f(x)$, $g(x)$라는 표현이 낯설지 않을 것이다. 앞서 y'이라는 표현과 마찬가지로 $f'(x)$는 $f(x)$를 x에 대해 미분한 것이다. $f(1)$, $f'(1)$을 구해야 하므로 조건식에 우선 $x = 1$을 대입해보자.

$$g(1) = 3f(1)$$

그리고 고등학교 미적분 과정에서 배우는 '곱의 미분법'을 활용해 양변을 미분할 수 있다.

$$g'(x) = 3x^2 f(x) + (x^3+2) f'(x)$$

다시 여기에 $x=1$을 대입하면

$$g'(1) = 3f(1) + 3f'(1)$$

이제 막막해진다. $g(1)$, $g'(1)$을 알면 $f(1)$, $f'(1)$을 구할 수 있을 것 같은데, 어떻게?

문제의 핵심은 "$g(x)$가 $x=1$에서 극솟값 24를 가질 때"라는 부분이다. 이 부분은 두 가지 정보를 담고 있다. 우선 $x=1$일 때 $g(x)$가 24라는 것, 즉 $g(1)=24$.

한편 역시 고등학교 미적분 과정에서 극댓값, 극솟값에 대해서도 배운다. 극댓값, 극솟값은 쉽게 말해 그래프의 봉우리와 골짜기 들이다. 그중 가장 높은 봉우리가 최댓값, 가장 낮은 골짜기가 최솟값이다.

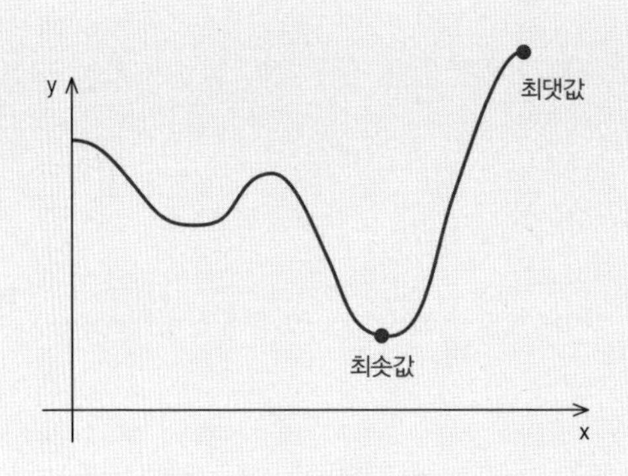

일차함수의 직선 그래프는 봉우리나 골짜기가 없고, 이차함수의 포물선 그래프는 봉우리 또는 골짜기가 단 하나이기 때문에 최댓값, 최솟값이라 표현하지 굳이 극댓값, 극솟값이라 표현하지 않는다.

중요한 것은 이 봉우리, 골짜기 지점에서 접선의 기울기가 0이라는 점이다. 즉, $g(x)$가 $x=1$에서 극솟값(골짜기)을 가진다는 말은 $g(x)$를 미분한 $g'(x)$에 $x=1$을 대입한 $g'(1)$이 0이라는 뜻이다. $g'(1)=0$.

$g(1)=24$, $g'(1)=0$이므로 $f(1)=8$, $f'(1)=-8$이 된다. 따라서 답은 $f(1)-f'(1)=8-(-8)=16$이다. 미분 계산을 아무리 잘하고, 미분을 이용해 극댓값과 극솟값을 구하는 방법을 아무리 잘 외웠더라도 "$g(x)$가 $x=1$에서 극솟값 24를 가질 때"라는 힌트를 이렇게 활용하지 못한다면 답을 구하기 어렵다.

마지막으로 문제 하나를 더 풀어보겠다. 미적분이 현실 세계에서 얼마나 유용한지를 계속 언급했으니 실생활에서 마주칠 만한 상황을 소재로 만든 문제를 여기에 소개한다. 미국 AP 미적분 시험에 실제로 나온 문제다.

> 1리터 페인트를 담는 원통 모양의 캔을 만들려고 한다. 가장 적은 돈으로 페인트통을 만들 수 있는 원통의 반지름과 높이는 얼마인가?

먼저 페인트통을 만들려면 페인트통의 뚜껑과 바닥, 그리고 몸통이 될 옆면이 필요하다.

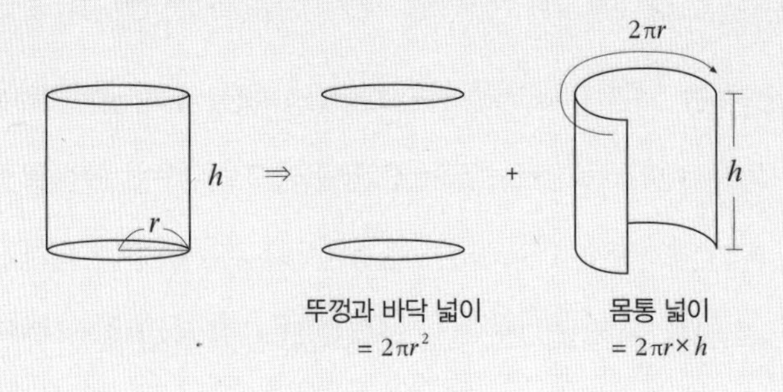

그럼 페인트통 재료의 넓이 A는 다음과 같이 수식으로 나타낼 수 있다.

$$A = 2\pi r^2 + 2\pi rh$$

하나의 식에 변수가 r와 h, 두 개라서 풀기가 쉽지 않다. 따라서 다른 단서는 없는지 다시 문제를 살펴야 한다. 가만 보니 페인트통의 부피는 1리터면 충분하다고 한다. 원기둥의 부피 V는 밑넓이 곱하기 높이이므로 이를 이용해보자.

$$V = \pi r^2 h = 1$$

$$h = \frac{1}{\pi r^2}$$

이를 첫 번째 식에 대입하면 다음과 같이 변수 h는 없어진다.

$$A(r) = 2\pi r^2 + \frac{2}{r}$$

가만 보니 제곱도 있고 분수도 있다. 그럼 이 함수의 그래프는 앞에서 보여준 12가지 기본 함수 중 포물선 그래프와 분수 그래프가 합쳐진 모양일 테니 뭔지 몰라도 울퉁불퉁할 것이다. 이런 울퉁불퉁한 그래프 중 A가 가장 작은 값을 구하는 것이 이 문제의 핵심이다. 방금 전 극댓값, 극솟값, 최댓값, 최솟값을 설명했다. 그 점들에서 미분하면 0이 된다는 성질을 이용해볼 수 있지 않을까?

여기까지 풀었다면 거의 다 왔다. 다음은 계산의 영역이다. 계산기를 써도 좋다. 아니면 내가 대신 풀어줄 테니 답이 궁금하다면 끝까지 따라와라.

$$A'(r) = 4\pi r - \frac{2}{r^2} = \frac{4\pi r^3 - 2}{r^2} = \frac{4\left(\pi r^3 - \frac{1}{2}\right)}{r^2} = 0$$

$$\pi r^3 - \frac{1}{2} = 0$$

$$\pi r^3 = \frac{1}{2}$$

계산기를 사용해 답을 구하니 $r = 0.541926$이 나온다. 그리고 $\pi r^2 = \frac{1}{2r}$이므로 이 식을 $h = \frac{1}{\pi r^2}$에 대입하면 $h = 2r$이라는 관계식도 얻을 수

있다. 따라서 $h = 1.08385$다. 즉, 원통의 지름과 높이가 같은 페인트통이 가장 작은 면적으로 1리터의 페인트를 담을 수 있다!

미적분 맛보기는 일단 여기까지다. 몇몇 부분에서는 수학적 엄밀성을 희생해가며 최대한 쉽게 설명하려고 노력했다. 앞에서 제시한 단계들은 미적분 기초 과정에 도달하기 위한 징검다리의 일부에 불과하다. 함수가 무엇인지만 알아서는 안 되고 교육과정에 따라 일차함수, 이차함수, 고차함수, 지수함수, 로그함수, 삼각함수, 그리고 원, 타원, 쌍곡선의 방정식 등에 대해 모두 공부할 필요가 있다. 함수에서 막힌다면 방정식, 더 거슬러 올라가 다양한 문자식의 전개와 인수분해를 다시 한번 점검해보자. 중간중간 짧게 언급한 극한이나 급수는 사실 훨씬 더 방대한 내용을 담고 있으니 꼭 교과서로 보충하길 바란다. 또 미적분학은 실용적 목적으로 만들어진 분과 학문이라 시간, 거리, 속도, 가속도 등에 관한 고전역학, 원의 넓이와 구의 부피와 같은 기하학 등도 수반하고 있다. 몇 분 만에 마스터할 수 있는 양이 결코 아니니 포기하지 말고 한 단계씩 정진하면 좋겠다.

물론 앞으로 겪을 기나긴 과정이 결코 쉽고 재밌지만은 않을 것이다. 그럼에도 여전히 21세기를 관찰하는 중요한 렌즈, 21세기에 통용되는 새로운 언어가 탐난다면 이 책의 조언에 따라 차근차근 공부해 훗날 '맛보기'가 아니라 미적분 '뽀개기'에 도전해보길 바란다.

나의 하버드 수학 시간

초판 1쇄 발행 2019년 9월 20일
초판 7쇄 발행 2023년 12월 11일

지은이 정광근
발행인 이재진 **단행본사업본부장** 신동해
편집장 김경림 **책임편집** 이민경
표지디자인 박진범 **본문디자인** 데시그 **마케팅** 최혜진 이인국
홍보 반여진 허지호 정지연 송임선 **제작** 정석훈

브랜드 웅진지식하우스
주소 경기도 파주시 회동길 20
문의전화 031-956-7430(편집) 031-956-7089(마케팅)
홈페이지 www.wjbooks.co.kr
인스타그램 www.instagram.com/woongjin_readers
페이스북 www.facebook.com/woongjinreaders
블로그 blog.naver.com/wj_booking

발행처 ㈜웅진씽크빅
출판신고 1980년 3월 29일 제406-2007-000046호

ISBN 978-89-01-23562-2 03410

웅진지식하우스는 ㈜웅진씽크빅 단행본사업본부의 브랜드입니다.